国家自然科学基金项目（51804135，51804134）
江西省自然科学基金项目（20192BAB216017，20181BAB216013）
国家大学生创新创业项目（201910407003）
江西理工大学博士启动基金项目（jxxjbs17070）
江西理工大学清江学术文库

典型金属矿体充填开采覆岩移动与变形规律及机理

柯愈贤　著

北　京

冶　金　工　业　出　版　社

2020

内 容 提 要

本书基于金属矿实际充填开采过程中采场直接顶板移动与变形较小的特点，通过数值模拟和相似材料模型试验，研究了几种典型金属矿体充填开采覆岩的移动与变形规律，分析了充填开采控制典型金属矿覆岩移动与变形机理，建立了典型金属矿体充填开采覆岩移动与变形的理论模型；并结合某典型金属矿山充填开采实例，通过对比分析采场直接顶板最大下沉量的实际监测值、数值计算和理论计算值，验证了模拟、理论计算方法的实用性和有效性。

本书可供矿山企业、设计研究院所的工程技术人员阅读，也可供高等学校采矿类专业师生参考。

图书在版编目(CIP)数据

典型金属矿体充填开采覆岩移动与变形规律及机理/柯愈贤著 . —
北京：冶金工业出版社，2020.8
ISBN 978-7-5024-8602-0

Ⅰ. ①典… Ⅱ. ①柯… Ⅲ. ①金属矿开采—充填法—岩层移动
—研究 Ⅳ. ①TD853.34

中国版本图书馆 CIP 数据核字（2020）第 108485 号

出 版 人 陈玉千
地 址 北京市东城区嵩祝院北巷 39 号 邮编 100009 电话 (010)64027926
网 址 www.cnmip.com.cn 电子信箱 yjcbs@cnmip.com.cn
责任编辑 徐银河 宋 良 美术编辑 吕欣童 版式设计 孙跃红 禹 蕊
责任校对 郑 娟 责任印制 禹 蕊
ISBN 978-7-5024-8602-0
冶金工业出版社出版发行；各地新华书店经销；三河市双峰印刷装订有限公司印刷
2020 年 8 月第 1 版，2020 年 8 月第 1 次印刷
169mm×239mm；9 印张；172 千字；132 页
55.00 元

冶金工业出版社 投稿电话 (010)64027932 投稿信箱 tougao@cnmip.com.cn
冶金工业出版社营销中心 电话 (010)64044283 传真 (010)64027893
冶金工业出版社天猫旗舰店 yjgycbs.tmall.com
（本书如有印装质量问题，本社营销中心负责退换）

前　言

金属矿山充填开采无法避免引起上覆岩层及地面产生移动与变形，给地面建（构）筑物安全带来潜在的威胁。目前金属矿山充填开采覆岩移动与变形理论体系尚未完整形成，实际设计、生产和监督过程中，主要通过参考煤矿开采行业多年来根据垮落法开采研究并总结出来的岩层移动角圈定地表移动带来解决，由此圈定的地表移动带往往过大，带来搬迁费用高、开采成本大、工业场地布置困难等一系列难题。为此，本书依据某金属矿山实际充填开采过程中采场直接顶板移动与变形较小的特点，通过数值模拟、相似材料模型试验和理论分析，对几种典型金属矿体充填开采覆岩的移动与变形规律和机理进行研究。本书主要内容包括：

分析了不同因素对几种典型金属矿体充填开采覆岩不同水平移动与变形的影响规律。在分析金属矿充填开采覆岩移动变形影响因素的基础上，利用 Flac3.0，对不同充填率、充填体力学性质、覆岩厚度和矿体倾角下几种典型金属矿体覆岩的移动与变形进行了数值模拟计算，将数值计算结果导入到 TecPlot 中，提取出覆岩中不同水平的垂直位移和水平位移两种位移值，进而计算出各水平的倾斜、曲率和水平变形三种变形值，然后分析了覆岩不同水平两种位移和三种变形的最大值随充填率、充填体力学性质、覆岩厚度或矿体倾角的变化规律。

分析了不同因素对几种典型金属矿体充填开采覆岩不同水平移动角的影响规律。在不同充填率、充填体力学性质、覆岩厚度和矿体倾角下两种位移和三种变形计算的基础上，根据空场法开采时选取的移动角对应的覆岩各水平倾斜、曲率和水平变形值,分析了充填法开采时覆岩各水平在相应倾斜、曲率和水平变形值时对应的移动角的变化规律。

对比分析了金属矿体采用充填法和空场法开采时覆岩移动与变形的动态变化规律。根据相似原理,通过相似材料配比实验确定了矿岩相似材料的配比,构建相似模型,分别模拟了采用充填法和空场法开采时某典型金属矿体覆岩不同水平、不同时间的位移与变形,得到了充填法开采覆岩移动与变形的动态变化规律。

建立了典型金属矿体充填开采覆岩移动与变形的理论计算模型,并得出了其计算表达式。根据金属矿充填开采采场直接顶板移动与变形较小的特点,基于弹性力学中的弹性薄板理论建立了典型金属矿充填开采采场直接顶板沉降的物理数学模型,利用 Navier 解法结合覆岩岩层移动与采场直接顶板移动相似关系,建立了典型金属矿体充填开采不同覆岩水平挠度与变形的计算模型。然后分析了地基系数、覆岩厚度、矿体厚度和弹性模量对采场直接顶板最大下沉量理论计算值的影响规律。

结合某金属矿山充填开采实例,通过对比分析了采场直接顶板的最大下沉量的实际监测值、数值计算和理论计算值,验证模拟、理论计算方法的实用性和有效性。

本书的研究得到了国家自然科学基金项目 (51804135、51804134)、江西省自然科学基金项目 (20192BAB216017、20181BAB216013)、国家大学生创新创业项目 (201910407003)、江西理工大学博士启动基金项目 (jxxjbs17070) 和江西理工大学清江学术文库的资助。在研究过程中,得到了中南大学资源与安全工程学院王新民教授和张钦礼教授的悉心指导和帮助,两位教授渊博的知识、严谨的学风和对科学研究的无私奉献精神使作者受益终生。同时,本书的研究和撰写过程,还得到了中南大学张德明、冯岩、卞继伟，江西理工大学王石、胡凯建等同仁的帮助，在此向他们表示衷心的感谢并致以深深的敬意。

　　由于金属矿充填开采中影响覆岩移动与变形的因素众多，发生原因复杂，相关的研究工作还在深入进行中，加上作者的学识水平有限，本书中难免有不妥之处，诚请读者批评指正。

作　者

2020 年 6 月

目　录

1 绪 论

1.1 研究背景、目的及意义

采矿业作为一个国家各个行业的龙头，在人类社会发展的长河中，始终贯穿整个历史过程[1]。英、法、美、德等西方国家在崛起成为世界强国的过程中，正是在科技革命的支撑下，最先利用矿产资源或从其中提取到的性能更加优越的各种材料，使生产力大大提高，从而大踏步发展前进，并甩开其他国家，走在了世界的最前列。采矿业作为工业发展的根基，不仅推动了社会进程的发展和人类文明的进步，也为一个国家的经济发展和国防建设做出了巨大贡献[2,3]。中华民族的崛起和中国在全世界地位的提升也与采矿业紧密相关。据统计，新中国从1949年成立至2015年，我国煤炭、粗钢、铜、石油和铝的消费量分别增长了90倍、1200倍、2300倍、2700倍和6000倍，天然气的消费量更是增长了近2万倍。根据长远发展规划目标，到21世纪中叶，我国将达到中等发达国家的水平[4]。因此，在未来的20~30年中，我国社会与经济发展对矿产资源的需求将达到消耗强度高峰期，之后在一定的时期内仍将处于高位。但是，目前我国的主要矿产对外依存度高达50%~70%[5,6]，因此，在未来相当长的一定时期内，保障国家的资源持续稳定地提供，任务依然十分艰巨。

在过去的几十年里，我国的矿产资源开发采用传统的粗放式开发模式，如图1-1所示，多年的资源开发造成地下存留大量的采空区，地表堆存大量的废石废渣，不仅恶化了人类赖以生存的自然环境，而且还带来系列安全问题（如尾矿库溃坝、采空区塌陷、地下水污染等）[7~9]。进入21世纪以来，随着整个人类社会的进步，人们对安全、环境等的需求水平和质量要求也不断提高，从而对采矿业的发展提出了更高的要求，采矿业也因而产生了一种全新的开发理念——绿色开采。我国"十三五"规划纲要中明确提出"深入贯彻节约资源和保护环境的基本国策"；国土资源部相继提出，到2020年，大、中型开采矿山企业要基本达到绿色矿山建设标准，小型矿山开采企业应按照绿色矿山建设条件严格进行管理，在全国范围内基本形成绿色矿山格局。

充填采矿法因其不仅可以有效控制井下开采特有的技术难题（如崩落法或空场法开采资源损失贫化率高且造成地表大范围塌陷，深井开采工作面温度高、地压高等），而且还可以解决与地面尾矿库相关的一系列安全环境难题（如尾矿库建设占用大量土地、尾矿库溃坝、尾矿亏积水翻坝或泄漏等），成为实现矿山绿

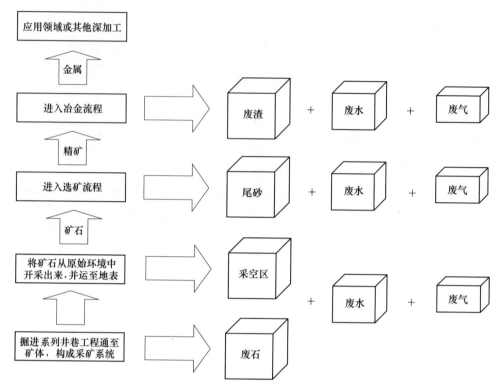

图 1-1　传统矿石开采与采空区形成、废料产出关系

色开采的首选采矿方法[10~15]，并得到了政府及各有关部门出台的一系列相关政策的大力支持并推广运用。如原国家环境保护总局、国土资源部、原卫生部发布的《矿山生态环境保护与污染防治技术政策的通知》（环发〔2005〕109 号）指出，推广充填采法开采工艺技术的运用，提倡井下开采废石不出隆，尽量利用废石、尾砂等开采废料充填井下采空区；中华人民共和国国家环境保护标准《矿山生态环境保护与恢复治理技术规范（试行）》（HJ 651—2013）规定：在基本农田保护区下开采，应根据矿山井下开采沉陷区的治理方案确定优先采用充填法开采的区域，预防地表的第二次治理；国家安全监督管理总局、工业和信息化部、国家发展改革委、环境保护部和国土资源部 5 部委《关于进一步加强尾矿库监督管理工作的指导意见》（安监总管一〔2012〕32 号）明确指出：新建设的金属或非金属地下开采矿山必须要对能否采用充填法开采进行论证，同等条件下应优先推荐采用充填采矿法；国家安全监督管理总局《关于严格预防十类非煤开采矿山安全事故的通知》（安监总管一〔2014〕48 号）指出：新建地下矿山首先要选用充填采矿法，不能采用的要经过设计单位或专家论证，并出具论证材料。

　　充填开采虽然优点突出，但也不可避免地会破坏地下岩层的原始应力平衡状态，从而导致上覆岩层乃至地面产生移动和变形，对地面建（构）筑物等的安全构成潜在威胁[16,17]。目前金属矿山充填开采岩层及地表移动理论体系尚未完整形成，为了保证地面建（构）筑物等的安全，实际设计、生产和监督过程中均主要参考煤矿开采行业多年研究总结出来的岩层移动角（常用的岩层移动角见表1-1）或经验公式来粗略圈定地表移动范围（即地表移动带），其圈定方法如图1-2所示。

表 1-1 常用的岩层移动角概略值[18]

名称	上盘/(°)	下盘/(°)	端部/(°)
第四纪表土	45	45	45
含水中等稳固片岩	45	55	65
稳固片岩	55	60	70
中等稳固致密岩石	60	65	75
稳固致密岩石	65	70	75

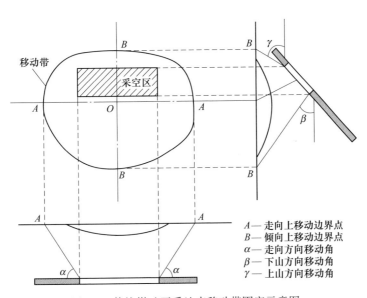

A—走向上移动边界点
B—倾向上移动边界点
α—走向方向移动角
β—下山方向移动角
γ—上山方向移动角

图 1-2 传统煤矿开采地表移动带圈定示意图

按照表1-1和经验公式选择确定岩层移动角后，再按照如图1-2所示的方法圈定金属矿山充填开采的地表移动带存在如下两大问题：

（1）与煤矿相比，金属矿山的围岩一般比较坚硬，开采后不容易破坏和垮落，尤其是采用充填采矿法的金属矿山，空区周围的岩体完整性保持较好，覆岩及地表的移动与变形明显较小，按照上述方法圈定地表移动带往往造成地表移动带过大，不仅直接增加地表移动带内居民或建（构）筑搬迁的费用，还造成因地面工业设施（如主副井等）布置的距离矿体较远增加了矿石开采成本，甚至于在部分地形受限地区（如山区、居民聚集区等）还可能会造成矿区无合适场地布置地表工业设施，矿山无法开采、资源浪费。

（2）随着浅部资源逐渐枯竭，资源开采向深部发展成为趋势，实际上国内不少矿山开采深度已超过 1000m（金川二矿、高峰矿业、冬瓜山铜矿等），早已进入深井开采行列，如仍然按上述方法圈定地表移动带，地面移动带范围将随开采深度的增加急剧扩大，造成地表工业场地难以布置，开采成本陡增，以至于矿产资源无法开采利用。

造成上述问题的根本原因是传统的煤矿开采地表移动带的圈定是基于垮落法确定的，而与传统的垮落法相比，充填采矿法对覆岩及地表具有明显的减沉效果，尤其是采用充填采矿法的金属矿山，地面很少出现明显的移动和变形，对于开采深度较大的金属矿山，甚至可能不存在地表移动带，对此业内人士已有一定的共识。但由于目前尚无成熟的金属矿山充填采矿法减沉理论作为依据，致使监管部门或设计单位只能按照原有的矿山安全生产规程和设计规范中确定的岩石移动角对采用充填采矿方法的矿山进行生产许可管理或设计，这不仅给采用充填采矿法矿山带来了沉重负担，打击了矿山采用充填采矿法的积极性，更不利于国家充填采矿法全面推广应用、实现矿山绿色开采的目标。

鉴于上述问题，本书对几种典型金属矿体充填开采覆岩移动与变形规律进行研究，分析典型金属矿体充填开采覆岩移动与变形机理，为未来政府主管部门修订与充填采矿法潜在优势不匹配的有关岩石移动角设计规范和安全生产管理要求提供理论依据，减少矿山企业因按传统方法圈定移动带带来的不必要开支，改善矿山企业经营状况，提高金属矿山采用充填采矿法的积极性，推动我国充填采矿技术的发展和进步，促进我国采矿业可持续发展和向绿色矿业方向转变。本书研究成果具有重要的理论价值和实际应用意义，具有显著的经济效益和社会效益。

1.2　国内外研究现状

1.2.1　开采岩移与变形研究现状

早在公元 15~16 世纪，人类就已经开始注意到地下矿山开采引起的岩层和地表移动会对人类生产与生活带来重要影响，如英国法院就记载有公元 15 世纪初有关矿山开采引起的财产损害的争论与诉讼[19]，1836 年比利时政府经调查并认识到当时列日城下的地下含水层水源流失的原因是由地下矿山开采导致，并颁布了对地下开采造成地下水源破坏的责任人处以死刑的法令[20]。进入 19 世纪中后半叶，随着工业革命的兴起和社会发展对矿产资源需求量的陡增，因地下矿产资源开采造成的井下透水、地面房屋以及公（铁）路破坏等安全事故频繁发生，地下矿山开采岩移与变形问题引起了人类的高度重视。如苏联、英国、美国、加拿大、澳大利亚和日本等最先进入工业革命的国家，因当时资源需求量的增大，采矿业随之快速发展，便把地下矿山开采诱发的岩层及地表移动与变形作为一项重要研究内容开展研究工作[21]。真正正式把地下矿山开采诱发的岩层及地表移动与变形作为一门学科进行的系统研究开始于 20 世纪 20 年代，到了 20 世纪 60 年代，这项研究工作得到了实质上的迅猛发展[22~24]。时至今日，针对地下矿石开采诱发上覆岩层移动与变形问题方面的研究已有 200 多年的历史，大致经历了三个发展时期[25~28]：

（1）岩层及地表移动与变形的认识和初步研究阶段。从 1836 年比利时认识到列日城下地下开采导致地下含水层水源流失问题至第二次世界大战前夕。

（2）岩层及地表移动与变形理论的形成阶段。第二次世界大战以后至 20 世纪 80 年代末。这一时期主要以矿山地表移动变形实际监测数据为基础分析岩层及地表移动与变形，建立了大量的经验公式。

（3）岩层及地表移动与变形现代理论研究阶段。20 世纪 90 年代初至今。这一时期主要以国内外学者通过大量研究认识到岩体是赋存于原始地质环境中的各向异性且具有时效性质的非连续、非均质的非线弹性介质为主要特征，是矿山开采诱发上覆岩层地表移动与变形问题研究的第三次热潮，许多学者研究认识到需要发展一些新的理论与研究手段来解决以往岩层及地表移动与变形理论无法解决的难题，这一时期也随着高新科学技术的发展，将大量先进的探测、监测新设备和信息化处理新技术运用到这一研究问题中。

岩层及地表移动与变形研究问题经过上述三个阶段的发展，同时大量的采矿学者以及采矿工作人员也根据实际矿山开采的现场监测数据，按照不同的标准，从不同的角度，采用不同方法对地下矿山开采诱发的岩层及地表移动与变形的规律和机理进行的长期深入的分析与研究，取得丰硕的研究成果，根据各类研究依据的基本原理主要有三类。

1.2.1.1 几何方法类

几何方法是岩层及地表移动与变形研究问题采用的最早的研究方法，主要是以实际矿山开采的现场监测数据为依据建立几何理论模型，对岩层及地表移动与变形进行分析和预测研究，实际中经常用的方法有典型曲线法、负指数法和概率积分法。

1938 年，比利时工程师哥诺特在对列日城下矿山开采造成的地表移动问题的调查基础上提出了第一个岩移理论——"垂线理论"[20]；1858 年，哥诺特又和法国工程师陶里兹对"垂线理论"进行了改进，提出了"法线理论"，给出了岩体移动下沉是沿岩层层面并且沿法线向上传播的直观机理和规律[29]；后来，比利时人狄芒认为"法线理论"只适用于矿层倾角不大于 68°的情形，通过对

"法线理论"进行修正，提出计地下开采诱发上覆岩层下沉量的著名计算公式 $W = m\cos\alpha$（W 为覆岩最大下沉量，m；m 为实际的矿体开采厚度，m；α 为开采矿体的倾角，(°)）[30]。而后很多这方面的假说和理论相继被提出，如德国人依琴斯凯 1876 年提出的"二等分线理论"[31]；西哈教授 1882 年提出的与目前岩层移动角概念极为相似的"自然斜面理论"，并在当时已经给出了 6 类岩层（完整岩石至厚含水冲积层）的自然斜面角范围为 54°~84°，该研究也成为开采沉陷方面最早于岩体性质有关的研究[32]；法国人 Fayol 于 1885 年提出的"圆拱理论"[33]；Hausse 于 1895~1897 年提出的"分带理论"，指出开采空区上部的覆岩中的沉陷模型成三带分布，从而建立了地表沉降与覆岩内部的移动及变形之间的内在关系，并建立了与其相对应的几何理论模型[34]；B. N. Whittaker 和 D. J. Reddish 通过对大量实际矿山开采地表沉降规律的观测，总结出了如图 1-3 所示的采动程度（D/H）与地表下沉率系数（W/m）的关系[35,36]。

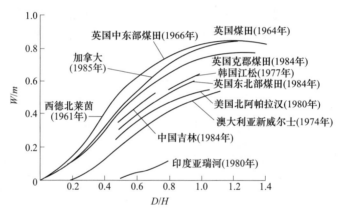

图 1-3　采动程度与地表下沉系数的关系

D—采区的尺寸，m；H—开采的深度，m；
W—地表的最大下沉量，m；m—实际的矿体开采厚度，m

进入 20 世纪中叶后，岩移的几何模型方法的研究取得了较快的发展。1958 年，苏联的 BPHMH 首次提出了采空区上方岩层移动的"三带理论"，并提出了地表变形预计的"典型曲线法"[37]；1950 年，波兰学者 Burdiyk-Knothe 得出了正态分布的影响函数，后被称为"Burdryk-Knothe 法"[38]；克拉克夫矿业学院的学者柯赫曼斯基提出了图解法；Schimizx 等研究了开采影响的作用面积及其分布带，形成了影响函数的概念；1954 年波兰科学院岩石力学研究院的学者 Litwiniszyn 提出了随机介质理论，把岩石视为不连续介质，首次把随机介质理论引入岩层移动的研究中，将岩层移动视为一随机过程[39]；Brauner 提出了地表水平移动的影响函数并发展了圆形积分网格法用于地表移动；联邦德国学者 Kratzsch 总结了煤矿开采沉陷的变形预测方法，并出版了 *Mining Subsidence Engi-*

neering[40]一书。此外，克拉克矿业学院的学者 Z. kowalcz yk 和 T. KIenczar，波兰学者 A. Salustowicz，英国学者 R. J. Orchard、K. Wardell、D. S. Berry 和 P. Hackett，德国学者 R. Bals、H. Keinhorst 和 O. Niemczyk 等针对开采沉陷做了很多研究工作[41]。

20 世纪 60 年代，我国开始进行开采沉陷方面的研究，并且在几何方法方面取得了许多成果。刘宝琛、廖国华将概率积分法引入我国，到目前为止仍是煤矿开采沉陷预计的最重要的方法[26]；刘天泉等对不同倾角煤层开采引起的岩层移动规律开展了大量的研究，并提出了导水裂隙带概念，建立了导水裂隙带与跨落带的关系式[42]；何国清将威布尔型影响函数运用于地表变形预计中[43]；周国铨提出了地表移动计算的负指数函数法[44]；邹友峰研究了地表下沉的函数计算方法[45]；戴华阳研究了岩层与地表移动的矢量预计法[46]；郭增长应用随机介质碎块体移动概率对地表下沉进行了研究等[47]。

1.2.1.2 力学方法类

力学方法类主要是应用力学原理对岩层及地表移动与变形的力学机理进行分析。常见的力学方法类主要包括弹塑性力学、岩石力学、断裂力学、结构力学、损伤力学等，将上覆岩层假定为岩梁、岩板或拱结构。力学方法类还包括以力学原理为基础的数值模拟和相似材料模拟实验等方法。

从 19 世纪末至第二次世界大战，一些初步的关于岩层及地表移动与变形的力学结构假设被相继提出。1879 年，苏联学者特捷尔提出了拱假设[48]；1885 年，法国人 Fayol 提出了岩梁假设，并研究了岩梁的变形力学机制[49]；1907 年，普罗托季亚科诺夫提出了普氏平衡拱；1947 年，苏联学者 ABepmuH 建立了地表移动矢量在垂直方向和水平方向间微分关系式，提出了水平移动与地表倾斜成正比的著名论点[50]；Evans 提出了"Voussoirbeam"的概念，并发展了顶板梁稳定性分析方法[51]；Lehmann 提出地表沉陷类似于一个褶皱的过程[52]；Fckardt 认为岩层移动过程是各岩层逐层弯曲的结果[53]；南非学者 Salamon 提出了面元理论，并将连续介质力学与影响函数法相结合，为现在的边界元法奠定了基础[54]；澳大利亚学者 Barker、Hatt、Sun、Adler、Wright 和 Sterling 等人分别对顶板岩层的变形与破坏机理进行了研究[55]。在这期间，许多数值分析方法，如有限元法、有限差分法、离散元法以及边界元法等被应用到岩层及地表移动与变形领域。

我国学者也对力学类方法开展了大量的研究工作。20 世纪 70 年代，钱鸣高等人提出砌体梁假说，后来又提出了关键层理论和复合关键层理论[56]；20 世纪 80 年代，宋振琪提出了传递岩梁假说[57]；谢和平将非线性大变形有限元法应用于岩移的变形预计中[58]；刘书贤通过数值模拟研究了急倾斜多煤层开采地表移动规律[59]；陶连金等对大倾角煤层上覆岩层力学结构进行了分析[60]；邓喀中等学者研究了开采沉陷中岩体的结构效应[35]；杨硕开展了采动损害空间变形力学预测方面的研究；唐春安研究了岩石破裂过程的灾变问题[61]；何满潮应用非线性光滑有限元法分析了岩层移动的问题[62]；刘天泉研究了矿山岩体采动影响控制工程学及应用[63]；于广明将分形及损伤力学应用于开采沉陷的研究[64]；张玉卓对岩层移动的错位理论解及边界元算法进行了分析，并将弹性薄板理论用于岩层移动的分析中[65]；张向东等学者对覆岩运动时的时空过程进行了分析[66]；吴立新对托板控制下开采沉陷的滞缓与集中现象进行了分析[67]；刘文生研究了条带开采采留宽度的合理尺寸[68]；李增琪建立了用于计算矿压和开采沉陷的三维层状模型；麻凤海等人分析了岩层移动及动力学过程以及岩层移动的时空过程[69]；刘红元、刘建新等人通过数值模拟分析了采动影响下覆岩的培落过程[70]；范学理等人研究了采动覆岩离层与底层沉陷控制技术[71]；钟新谷等学者采动覆岩的动态破坏规律与采动覆岩的组合梁理论进行了研究等[72]。

1.2.1.3 其他方法类

此类方法主要包括灰色理论、模糊数学、神经网络、分形理论、粗糙集理论、可拓理论等在开采沉陷中的应用。郭广礼等将灰色系统模型用于老采空区的残余沉降预测，效果良好[73]；郭文兵等基于大量观测站数据，建立了概率积分法参数选取的神经网络模型，并用实测值验证了该模型的实用性[74]；丁德馨等以现有的开采沉陷工程为基础，将自适应神经模糊推理方法用于开采沉陷预计[75]；李培现等研究了概率积分法参数的支持向量机选取法[76]；张东明等结合急倾斜煤层开采地表非线性特征，将渐进灰色预测模型用于急倾斜煤层开采沉陷预测，并通过实践证明了这是一种行之有效的方法[77]。这些方法对研究岩层与地表移动复杂问题提供了新的研究思路。

1.2.2 充填开采技术发展历程与现状

1.2.2.1 充填开采技术发展历程

充填采矿法由于在控制采空区地压、维护采场稳定、控制地表沉陷、提高资源综合回收利用以及保护生态环境方面有着独特的优越性，故从很早就引起了采矿工作人员及学者的重视。充填采矿技术从首次运用至今已有近百年的历史，经历了废石干式充填、水砂充填、胶结充填三个发展阶段[78~81]，如图1-4所示。

A 废石干式充填

干式充填技术国外始于20世纪40年代以前，国内在20世纪50年代以前开始研究应用。该项技术是将废石和废渣等工业废料运送至井下采空区即完成充填，充填目的是处理废弃物。如澳大利亚塔斯马尼亚芒特莱尔矿和北莱尔矿在

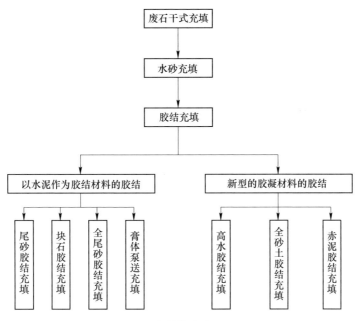

图 1-4 充填技术发展历程

20 世纪初进行的废石干式充填，加拿大诺兰达公司霍恩矿在 20 世纪 30 年代将粒状炉渣加磁铁矿充入采空区，中国在 20 世纪 50 年代初期废石干式充填是金属矿山的主要采矿方法之一。1955 年在地下开采的有色金属矿山中废石干式充填占 38.2%，在黑色金属矿山地下开采中达到 54.8%。自 20 世纪 50 年代以后废石干式充填所占比重逐年下降，1963 年中国有色金属矿山废石干式充填只有 0.7%。干式充填只是最简单的充填而已，在其充填理论和相关技术方面并未有过多的研究。

B 水砂充填

水砂充填技术始于 19 世纪 40~60 年代，1864 年，美国宾夕法尼亚的一个煤矿区进行了第一次水砂充填试验，以保护一座教堂的基础安全。因其可以降低地表开采沉陷，保护建（构）筑物，很快在南非、德国、澳大利亚等国家得到了较为广泛的运用。我国水砂充填始于 20 世纪 60 年代初，1965 年，在锡矿山南矿首次采用了尾砂水力充填采空区，有效地控制了大面积地压活动并减缓了地表下沉，到了 80 年代，湘潭锰矿、铜绿山铜矿、招远金矿、凡口铅锌矿、安庆铜矿、张马屯铁矿、三山岛金矿等 60 余座有色、黑色和黄金矿山都推广应用了该项工艺技术。水砂充填技术的出现使得干式充填逐渐没落，矿山充填技术从此开始作为矿山开采中一个独立的系统进入快速发展阶段，并逐步建立了基于两相流的充填管道输送理论和部分经验公式。随着充填采矿技术的发展，水砂充填逐步暴露出了其管道输送能力小、浓度低、自动化水平低、成本高等缺点，目前矿山几乎不采用水砂充填工艺了。

C　胶结充填

由于非胶结的水砂充填体无自立能力，难以满足采矿工艺高回采率和低贫化率的需要，因此，到 20 世纪 60~70 年代，随着水砂充填工艺的发展和推广应用，胶结充填技术应运而生。如澳大利亚芒特艾萨矿，20 世纪 60 年代采用低浓度尾砂胶结充填工艺回采底柱；20 世纪 70 年代中国凡口铅锌矿、招远金矿和焦家金矿率先应用细砂胶结充填，随后小铁山铅锌矿、康家湾铅锌矿、黄沙坪铅锌矿、铜绿山铜矿等 20 多座有色金属矿山相继采用了胶结充填技术。这期间，国内外相关科研单位也开始对充填材料的性质、充填体的力学性质及其与围岩的相互作用等相关理论进行研究，并初步形成了一系列理论和技术成果。与此同时，许多与胶结充填技术相适应的采矿方法应运而生，矿山开采环境得到了较大的改善，资源回收率大幅提高，贫化率降低。

尾砂胶结充填虽然具有较高的生产能力和良好的管道输送特性，但由于大量使用水泥作为胶结剂，使充填成本增加，而且受自流管道输送浓度限制，普通的尾砂胶结充填质量浓度不高（一般在 70% 以下），充入采场后，大量水分必须通过滤水设施排出，不仅增加了排水费用，污染了井下环境，而且降低了充填体强度。进入 20 世纪 80~90 年代，随着采矿工业的发展，原有的充填工艺技术已不能满足矿山开采对安全、经济、环保的要求，以高浓度充填、似膏体充填、膏体充填为核心的充填技术开始大力发展。这些新技术的出现克服了以往充填中的浓度低、采场脱水困难、胶凝材料流失严重、充填体质量差以及充填成本高等缺点，并与不断发展的采矿新装备、新技术和安全环保等要求相适应[82]。这些技术分别在澳大利亚的 Cannington 矿、加拿大的 Kidd Creek 矿、德国的 Grund 矿，国内的凡口铅锌矿、金川二矿、龙首矿、冬瓜山铜矿、安庆铜矿、会泽铅锌矿以及孙村煤矿等矿山投产使用。进入 21 世纪后，一大批矿山的开采逐步转入深部、三下矿体以及其他复杂难采矿体，地压控制问题日益突出，并成为深部高效、安全作业的主要障碍，以全尾砂、工业全废料、新型胶凝材料为核心的膏体泵送充填技术开始快速发展。与此同时，形成了诸如超大能力全尾砂充填[83]、煤矸石似膏体充填[84]、赤泥充填[85]、磷石膏充填[86]、超高水材料膏体充填[87]、煤矸石固体密实充填[88]等一系列新技术。

1.2.2.2　充填技术研究现状

充填采矿技术因其自身的优越性，在矿山开采中得到了十分广泛的运用。目前加拿大有近 70% 以上的矿山采用充填法开采，南非几乎所有的深部矿山都采用充填法；国内有色矿山充填法的应用比例已超过 50%，黑色矿山也有 15%~20%

的矿山采用充填法。与此同时，充填采矿技术也引起国内外采矿界的广泛关注，采矿学者围绕充填材料、充填料浆制备、充填工艺参数、充填体力学性能及承载特性、充填体作用机理、充填体质量评价等方面展开了许多研究，并取得了大量的研究成果[89~92]：

A　水泥替代品研究取得重大突破

胶结充填的主要缺点是充填成本过高。胶结充填材料成本中，水泥费用占近60%~80%，因此降低胶结充填成本的一个重要途径就是寻找水泥替代品，以降低水泥消耗。国内外的研究及应用实践表明，冶炼厂水淬炉渣、火力发电厂粉煤灰、铝厂赤泥等都是性能良好的水泥替代品。尤其是粉煤灰，除了可部分替代水泥，降低充填成本外，还可以改善浆体流动性能、提高浆体悬浮性，因此应用更为广泛。根据金川集团公司、安徽铜陵新桥硫铁矿、湖南柿竹园有色金属矿、湖南水口山矿务局、贵州开阳磷矿、孙村煤矿等的试验研究成果，添加粉煤灰后，充填体固水性能明显提高，泌水率仅2%~4%，与普通胶结充填（泌水率一般为12%~15%）相比，降低60%左右。另外，根据中南大学与高峰公司进行的"高峰矿业有限责任公司胶结充填骨料性能研究"，粉煤灰可以有效解决高硫尾砂胶结充填中充填体的膨胀破坏难题。

B　充填骨料选择范围日益扩大

传统的充填骨料是尾砂、块石和砂石（包括棒磨砂、山砂、风砂、江砂、河砂），随着越来越多的化工矿山、煤矿采用或正准备采用充填采矿技术，充填骨料的实际选择范围日益扩大，磷石膏、黄磷渣等化工企业固体废料（如开阳磷矿）、煤矸石（如孙村煤矿）都已成功用作充填骨料。

C　各种混凝土外加剂在矿山充填中得到应用

添加化学外加剂是一种改善流体流动性能的有效途径，在混凝土工程中得到广泛应用。添加少量外加剂可以改善混凝土的工作性能，提高硬化混凝土的物理力学性能和耐久性能。由于成本问题和认识问题，除美国等少数国家将混凝土外加剂应用于矿山充填料浆中外，化学外加剂在矿山充填中的应用实例还比较少见。金川公司在1993年开展了用高效减水剂提高充填料浆输送浓度的试验研究，随后于1995年进行了早强减水剂提高充填体强度的作用机理与工业试验研究，取得了较好的效果。孙村煤矿通过添加高效减水剂，大大提高了煤矸石似膏体的体积浓度，减少了充填采场的脱水率。

D　充填体承载机理研究更为深入

充填采场属于人工支护的范畴，类似于采用锚杆、喷射混凝土等人工措施支护采场巷道，其目的在于维护采场围岩的自身强度和支护结构的承载能力，防止采场或巷道围岩的整体失稳或局部垮冒。南非在深井黄金矿山的开采中，大多采用了充填采矿法，并对充填机理进行了更为深入的研究。H. A. D. Kirsten 和

T. R. Stacey，研究指出，充填体维护采场稳定的作用是多种形式的，因此，支护机理不是靠充填体压缩产生的作用决定工作中充填体的稳定效果。尽管任何一种支护机理的单独作用是极小的，但其综合作用预期可以大大增强采场围岩的稳定性。

E 两相流理论成为指导充填系统设计的重要理论基础

管道自流输送属于典型的固-液两相流。管道自流输送系统的设计要求对浆体的流动性能、管道的阻力损失（水力坡度）等做出定量的分析计算。为满足生产实际需求，国内外对两相流理论进行了较深入的研究。根据不同的物料性质及输送条件，提出了各种水力坡度计算的经验公式；根据浆体在管道中的悬浮状态对浆体输送性能的影响，提出了改善浆体流动特性的途径；充填系统设计所需要的临界管道直径、临界浆体流速、输送能力等指标都有比较可靠的计算方法。

F 深井条件下的充填材料与充填技术研究取得重要进展

南非研究人员在 Elandsrand 金矿提出了用能量释放速度（ERR）评价深井充填体作用的新方法。在南非、加拿大、美国、巴西等深井开采的国家，已经有深井充填材料、管道减压技术、充填料冷却技术等方面的研究成果，但尚未形成系统的深井充填理论体系。

G 降低管道磨损的技术与对策取得新进展

管道磨损是充填法矿山普遍存在的难题，管道磨损的原因及对策的分析与研究也是充填技术发展的一个重要内容。影响管道磨损的原因很多，既有管道本身因素，也有充填料浆性能因素。威华塔斯兰得金矿的英美研究试验室（AARL）设计了一种滚筒机进行了管道磨损试验。不少矿山根据管道底部易磨损的特点，采用定时翻转管道的方法，延长管道使用寿命。耐磨损管道已经在许多矿山得到应用。中南大学与金川有色公司合作完成了破损充填钻孔永久重复修复使用技术研究，并成功修复了一条严重破损的充填钻孔。

1.2.2.3 充填开采的发展趋势

综上可知，充填技术方面的难题均取得了重大突破，加之充填采矿法在控制采空区地压、维护采场稳定、控制地表沉陷、提高资源综合回收利用以及保护生态环境方面有着独特的优越性，同时随着国家新的安全生产法及环境保护法的相继实施，政府对安全生产和由于矿山开采而引起的环保问题的日益重视，今后国内各类新老矿山开采充填采矿法将成为首选方法。

1.2.3 充填开采控制岩移与变形研究现状

众所周知，地下有用矿产资源被采出后，开采区域周围的岩体原始应力平衡状态受到破坏，造成应力重新分布，并寻求新的平衡，从而使岩层和地表产生移动变形和非连续性破坏。在非充分采动过程中，采场上覆岩层表现出垮落、断裂、离层、移动和变形等特征，形成"四带"，即垮落带、断裂带、离层带和弯曲下沉带；在充分采动后，上覆岩层形成"三带"，即垮落带、断裂带和弯曲下沉带（图1-5）。当"四带"或"三带"发展到地表，最终表现为大范围的地表移动与变形，从而造成地表建（构）筑物、农田、水体、公（铁）路等的破坏，同时还给地面生态环境带来较大的负面影响。为了控制开采造成的地表移动与变形，保护地表建（构）筑物、农田、水体、公（铁）路等，国内外采矿学者提出了许多控制岩层及地表移动与变形的措施，发展至今，常用的方法有留设保护矿柱、覆岩离层注装、部分开采和充填开采等技术方法。

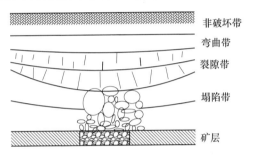

图 1-5　采空区上覆岩层移动与变形"三带"模型

充填开采法由于可以在较好地控制地表沉陷、保护地面生态环境的同时很好地控制采空区地压、维护采场稳定、提高资源综合回收，在煤矿和金属矿地下开采中得到了广泛的运用。特别是在"三下开采（建筑物下、公/铁路路基下、水体下）"，为了更好地控制岩层及地表的移动与变形，充填开采法成为首选采矿方法。充填开采对岩层及地表的移动与变形的控制效果是充填的直接体现，它决定了充填带来的价值，直接关系到充填方案的合理确定。为此，必须对充填开采控制岩层及地表的移动与变形规律和机理进行深入研究，进而确定经济合理充填方案。但目前这方面的研究主要集中在煤矿开采，金属矿开采在此方面只进行了少量探索性的初步研究。

1.2.3.1　煤矿充填开采控制岩移与变形研究现状

煤矿由于多为近似水平或微倾斜矿体，矿体面积延展大（几平方千米至几十平方千米），上覆岩层多为层状软岩，开采造成的地表沉陷明显，对地面环境破坏大，因而对充填开采控制岩移与变形研究开展较早，也取得了较为丰硕的研究成果。

Jan Palaski[93]在总结研究波兰多年利用充填采矿法煤矿的地表沉陷控制效果

的基础上，提出了充填采矿方案的确定标准。

谢文兵[94]研究了条带充填开采覆岩的移动与变形规律，研究结果表明，控制覆岩移动与变形的关键因素是充填空顶距和充填条带间距，由于后续开采增大了前期开采对岩层的扰动程度，特别是在后续的不充填开采条件下，地表下沉盆地的偏态分布更为明显。

卢央泽[95]采用 ANSYS 数值模拟软件对煤矸石胶结充填法开采下的覆岩及地表移与变形动规律进行了研究，研究得出及时充填开采煤层留下的采空区对控制地表垂直和水平变形效果明显，虽然充填煤层留下的采空区对地表下沉盆地的范围减小，影响不大，但可以明显减小下沉盆地边缘处的沉降量，让盆地边缘的形状变得更为平缓。

张德辉[96]结合晓南煤矿工业广场保安煤柱的开采，研究了巷式充填开采工业广场保安煤柱的有关理论和技术，提出了充填体与煤柱二元承载系统的稳定机理、巷式充填开采煤柱顶板破断判据和确定巷采宽度的计算方法，并应用数值模拟软件 Flac3D 对煤矸石力学特性和巷道初始充填率对开采后覆岩及地表的控制效果进行了研究，确定了晓南煤矿工业广场保安煤柱巷式充填开采的工艺和技术。

常庆粮[97]结合数值计算相和物理模拟，研究了煤矿膏体充填开采顶板岩层的支承压力分布特征和移动变形过程，研究认为影响顶板岩层移动的主次因素依次为充填欠接顶量、充填前顶板移近量、充填体压缩率，为保证南旺村建筑物安全，小屯矿膏体充填开采地表下沉系数应控制在 0.16 以下。

刘长友、杨培举、侯朝炯等[98]采用 UDEC3.0 数值计算软件对某煤矿采空区全部充填时充填体压缩率对覆岩关键层移动与变形的影响规律进行了研究，研究得出，连续充填过程中，覆岩层中是在关键层的存在与否对于覆岩移动与变形密切相关，覆岩中无关键层时充填体压缩率需小于 6%，覆岩中有关键层时充填体压缩率需小于 4%，在充填开采过程中，覆岩中垂直应力的变化宏观上符合常规工作面开采支承压力的分布规律，但充填区域内的支承压力因不同充填体压缩率的变化覆岩中关键层的有无而不同。

贾林刚、刘卓然[99]运用 FLAC3D 数值模拟方法，研究了不同充填率下，某煤矿工作面充填开采对地表沉降的影响，得出充填率与倾斜变形和水平变形呈二次函数关系，与下沉系数和曲率变形呈指数关系，当充填率达到 80% 以上时，地表位移与变形值减小且变化幅度减缓，充填开采可以有效改善围岩的受力环境，不同的充填率下覆岩"三带"岩体受力环境不同，从而使充填率与地表下沉和地表变形呈非线性变化关系。

张华兴、郭爱国[100]研究了宽条带充填全柱开采地表沉陷的主控因素，采用数值模拟的方法分析了充填率、充填体强度、隔离煤柱宽度对上覆岩层移动的影响，认为充填率是控制上覆岩层下沉的关键因素。

罗俊财[101]采用 FLAC3D 数值模拟软件中内置的蠕变模型 Cvisc，分析了不同蠕变参数对地表移动与变形的影响，研究得出，充填体不同蠕变参数对地表移动预与变形影响的敏感性大小排序依次为：弹性模量<黏弹性模量<马克斯威尔黏滞系数<开尔文黏滞系数。

郭爱国[102]开展了宽条带全柱开采的相关研究，对其中的沉陷控制主控因素进行了研究。

瞿群迪、姚强岭、李学华[103]研究了煤矿充填开采地表沉陷的形成过程与控制原理，提出了煤矿充填开采地表沉陷控制的空隙量守恒定理，得出煤矿充填开采形成地表沉陷盆地体积计算的理论方法，并依据该方法提出了提高采空区的充填率、提高充填料浆及充填体的物理力学性能及加大覆岩岩层内滞留空隙体积等控制地表沉陷的技术措施和方法，并将空隙量守恒理论成功应用到某煤矿膏体充填开采实践中。

尹夏[104]根据岩体移动分析模糊测度模型（Fuzzy Measures Model-FMM），对张家洼矿深部东、西、南、北 4 个采区开采引起的矿区地表垂直位移、倾斜、曲率、水平移动、水平变形进行了研究，其计算结果与实测资料高度吻合，利用遗传算法确定了地表移动变形预计所需的参数，得出了一种较传统的随机介质理论方法更优充填开采地表移与变形预测的模糊遗传规划法（FMGPM）。

李凤仪、王继仁、刘钦德[105]利用傅里叶变换确定了单一关键层位置及组成岩层分层，为浅埋煤层开采顶板活动预测及其控制、浅埋煤层开采方法及其工艺参数提供了理论依据，具有重要的理论及其实际意义。

常西坤[106]结合相似材料模拟实验，物理模拟和室内岩力学实验，对唐口煤矿某千米采深工作面采场上覆岩体内的应力、应变场演化规律及其开采过程中的动态演化规律进行了研究。

张世雄、王福寿、胡建华等[107]采用有限元法分析了充填体压缩对地表建筑物的影响，数值模拟结果认为充填用的江砂被压缩成致密的砂岩。

周振宇[108]采用数值模拟方法研究了矸石巷采充填条件下岩层移动的控制问题。

刘瑞峰[109]通过试验室试验、理论分析以及数值模拟对采空区及其上覆岩层进行充填，寻找高水材料在灌注速度、凝固时间与采空区流动、垮落带范围的关系，通过增加高水充填体对采空区的充填支撑效果，有效地控制采动下的顶板下沉及保护地表建（构）筑物、地面生态环境，有效地解放了"三下压煤"，实现了采空区充填开采地表的微沉降。

陈勇[110]在现场调研、资料收集和综合分析开滦矿区各地表移动观测站实测资料的基础上，提出了基于 Matlab 求取地表移动预计参数的方法，用此方法方便、准确地求取了地表移动变形预计参数和角量参数，并回归分析了地表移动变形参数与地质采矿因素之间的关系，为开滦矿区确定深部开采条件下的地表移动变形参数提供了参考依据；以开滦矿区吕家坨矿的地质采矿条件为原型，建立了数值模拟模型，采用 UDEC 数值模拟软件对比分析了深部开采条件下岩层及地表移动规律与浅部开采的异同点，并研究了开采深度、开采厚度、采区尺寸、深厚比对深部开采地表移动变形的影响规律。

朱时东[111]借助理论分析和 UDEC 数值模拟，对膏体充填开采和传统垮落法开采下的覆岩破坏规律进行了研究，研究表明，充填开采上覆岩并没有形成像传统垮落法开采引起的"三带"，只出现了裂隙带和弯曲下沉带，充填压缩率、充填体未接顶量、充填前顶底板移近量是影响充填开采覆岩及地表移动的主要因素，当 10903 工作面充填率为 81%，充填体弹性模量为 10MPa 时，王河煤矿充填开采能有效控制地表沉陷，保证地表建（构）筑物不被破坏。

张立亚[112]分析研究了采厚、倾角、顶板厚度、岩性、控顶距、工作面布设宽度、推进速度、超高水材料凝结时间、充填方式等对高水材料充填开采控制的影响，形成了超高水材料充填开采设计方法。该方法包括控顶距确定方法、工作面采宽设计方法、开采工艺及充填方式选择方法，其中控顶距确定方法是基础，工作面开采宽度设计是核心，开采工艺及充填方式选择是保障，为超高水材料充填开采设计提供了理论和技术基础。当采矿地质条件一定时，通过选择工作面的布设方式和超高水材料的配比方法，调整顶板上最大弯矩可以满足开放充填开采顶板不垮落。这一方法在陶一矿和田庄矿进行了实验，通过地表观测证明，在保证充填率的情况下，该方法能有效减缓地表下沉量和下沉速度。

黄艳利[113]建立了固体密实充填采煤采场覆岩弹性薄板力学模型，利用虚功原理推导出了固体密实充填采煤工作面基本顶的挠度方程，并进行了系统的力学分析，得到了控制基本顶不发生破断的临界条件。根据固体充填采煤采场覆岩弹性薄板力学模型、数值模拟与物理模拟的研究结果，设计了试验矿区固体充填采煤系统、试验区域采空区充实率及充填采煤液压支架支护强度，并成功进行了工业性试验，取得了良好的工程应用效果。

王磊[114]通过相似材料模拟和钻孔窥视揭示了固体密实充填开采覆岩的破坏规律，建立了固体密实充填开采岩层的移动力学模型，根据采动煤系地层的沉积特点，提出了固体密实充填开采两种岩层移动模式：有结构关键层模式和无结构关键层移动模式。通过相似材料模拟分析研究了有结构关键层和无结构关键层情况下固体密实充填开采岩层的移动特征。

冯锐敏[115]在综合分析岩层移动变形基本特征和充填体受力特征的基础上，应用弹性地基梁理论，建立了充填开采顶板岩梁力学模型，推导了直接顶岩梁挠曲微分方程；根据其解析解，分析了覆岩移动的各影响因素，充填区和未采煤体区内支承压力分布、顶板弯矩及剪力等矿压显现规律，并分析了直接顶挠曲和地表下沉的关系。

贾凯军[116]综合运用理论分析、数值模拟、实验研究等手段，对超高水材料袋式充填开采覆岩活动规律与控制问题进行了全面系统的研究，并将研究成果用于指导城郊煤矿超高水材料袋式充填开采技术参数和工艺的优化设计。研究表明，超高水材料袋式充填开采情况下，充填体对采场围岩活动起到显著的控制作用，采空区上覆岩层整体上一直保持着连续性，不会出现垮落带，仅存在弯曲下沉带和微小的裂隙带，上覆岩层活动表现为平缓的弯曲下沉过程。

刘鹏亮[117]对邢东矿矸石巷采充填进行了数值模拟和实测研究；孙晓光等[118]开展了膏体建筑物下压煤开采的数值模拟研究，对膏体充填后地表沉陷控制、支承压力分布进行了研究。

李辉[119]以铁煤集团巷式充填开采试验区为例，利用理论分析、实验室试验和数值模拟相结合的方法，研究了煤矸石的力学性质和充填材料强度对控制覆岩移动的影响；胡炳南[120]针对运用粉煤灰进行条带充填的方法控制岩层移动的问题进行了研究。

张吉雄[121]对运用矸石直接充填综采工作面，覆岩移动力学模型及其数值模拟进行了研究，同时在形东煤矿开展了巷采矸石充填技术研究。

1.2.3.2　金属充填开采控制岩移与变形研究现状

金属矿矿体赋存条件复杂，围岩性质变化大，研究充填开采控制岩移与变形规律困难，目前在这方面还处于初步探索研究阶段。岳斌[122]运用数值模拟软件Flac3D 2.0研究了金川二矿区充填开采过程中的地表位移变化规律，发现充填体在一定程度上限制了围岩体的移动，随着矿体角度的减小，地表的上盘变形量逐渐增大，下盘变形量逐渐减小。

袁义[123]研究了岩石流变性质对岩层及地表移动规律和移动角影响，发现岩层移动角主要与开采深度、开采厚度、上覆岩层岩性、采矿方法等因素密切相关，初步弄清了采矿作业对地表岩层移动的主要影响因素和运动规律。

武玉霞[124]基于BP神经网络工具箱，建立了金属矿山开采地表移动角预测的BP神经网络预测模型，发现充填法和崩落法开采矿山岩层移动角度影响因素不同，充填法开采下盘移动角的敏感因素主要有下盘围岩岩性、矿体倾角、上下盘围岩稳固程度，上盘移动角的敏感因素主要有上盘围岩岩性、开采深度、开采厚度。

袁仁茂、马凤山、邓清海等[125]利用数值模拟及GPS监测手段研究了金川二矿区的急倾斜厚大矿体开采岩体移动机理，研究发现急倾斜金属矿的厚度对地表岩移的显现特征具明显影响。当对厚大矿体进行薄层开采时，较大幅度的岩体移动主要发生在采空区顶、底板，开采引起岩体移动的地表显现特征类似于水平矿体的开采；而当采空区的高度大于整个矿体的厚度时，采空区两侧的岩体位移逐渐增大到占主导地位。

赵海军、马凤山、丁德民等[126]采用数值模拟的方法，对急倾斜矿体在高构造应力和自重应力两种条件下的岩移特征进行对比分析。研究发现，当开采区在竖直方向上的高度远小于矿体在水平方向上的长度时，在这两种应力条件下都具有类似水平矿体开采的地表岩移特征；反之，在高构造应力条件下，急倾斜矿体开采地表出现双沉降中心的现象，而在自重应力条件下只存在单沉降中心。

吴静[127]利用值模拟软件 Flac3D 研究了不同上覆岩层岩性参数、不同采矿方法、不同矿体倾角对地下金属矿山采空区上覆岩层三带高度及地表移动变形的影响。研究发现，采用崩落法开采时，上覆岩层的移动破坏会导致地表移动；而采用空场法开采时，由于矿柱的存在，一般不会有拉张破坏及冒落等发生。

张连杰[128]利用 FLAC3D 数值模拟软件和工程类比法分析了马道子铁矿开采造成的地表的下沉规律，数值模拟得到马道子铁矿开采引发的 x，y，z 方向的地表最大位移分别为 24.8mm、47.5mm 和 125.6mm，与工程类比法结果相近。郭进平、刘晓飞、王小林等[129]在整理总结国内部分矿山企业控制和监测地表移动、沉降、塌陷的方法和工程实践基础上，从系统的角度提出了采空区处理、注浆减沉、塌陷区治理等综合减轻地面破坏的措施，指出地表塌陷破坏是复杂因素耦合作用的结果，需从工程类比、监控分析、数值计算等多方面进行预测预防。

付华、陈从新、夏开宗等[130]依据金山店铁矿东区近 6 年的监测数据，对矿体周围岩体变形规律进行了研究，研究发现根据不同的变形特征可以将岩体分为未扰动区、微变区、变形移动区、拉伸滑移区和垂直冒落区 5 个区域，在采矿作用下，变形移动区会逐渐向拉伸滑移区转变，从而使地表变形程度和范围逐步扩大。

李贞芳[131]采用数值模拟软件对中关铁矿空场嗣后充填开采诱发的地表沉陷进行了预测研究，发现关铁矿空场嗣后充填开采引发的地表水最大平变形、曲率、倾斜变形分别为 0.088mm/m、0.00087×10^{-3}/m、0.063mm/m，井下开采不会造成地表建（构）物破坏。

黄刚[132]研究了顶板厚度、采场埋深、地基系数、顶板岩石弹性模量和盘区的长宽比对罗河铁矿充填开采顶板最大沉降量的影响，并利用 3DEC 离散元模拟软和物理相似模拟手段模拟了开采过程中覆岩的位移及采场顶板的稳定性。

综上所述，金属矿充填开采覆岩及地表移动与变形的研究主要集中在影响覆岩移动与变形的因素敏感性分析，或根据现场检测数采用工程类比分析法或建立沉陷参数预测模型对地表沉陷规律进行预测，或采用数值模拟手段对充填开采诱发的地表移动与变形量进行分析、顶板的稳定性进行分析，优化井下开采结构参数，保证地表建（构）的安全等方面，未进一步定量研究充填率、充填体力学参数、矿体开采深度、矿体倾角等因素对金属矿充填开采覆岩及表移动与变形的影响，以及未对金属矿充填开采的覆岩及地表的移动与变形的力学模型、充填开采减沉机理进行深入分析与研究。

1.3　金属矿与煤矿充填开采岩移与变形的异同

（1）金属矿与煤矿充填开采岩移与变形的相同点：

1）充填开采改变了覆岩的破坏特征。显而易见，覆岩的破坏程度与采空区的高度呈正相关，充填开采由于采空区被充填体填充，直接顶板的移动空间被限制，节理裂隙扩展深度减小，进而限制了覆岩的移动与破坏，覆岩破碎垮落带范围明显减小或不出现破碎垮落带。

2）充填开采减小了围岩应力集中现象。充填开采过程中，充填体限制了采空区围岩的移动，从而与围岩或矿体构成共同承载体，承载围岩应力，同时充填体还可将覆岩的应力传递到底板或围岩中，抑制顶板的下沉、四周边帮的移近以及地板的起鼓，从而较好改善围岩或矿体的受力状况，有效减少围岩应力集中现象。

3）减少了覆岩及地表移动与变形。覆岩及地表移动与变形程度与矿体厚度直接相关，开采矿体越厚大，留下的采空区规模就越大，覆岩及地表移动与变形程度就越大；反之，则越小。充填开采由于采空区被充填体填充，减小了空区规模，相当于减小了矿体开采厚度，从而可有效减少覆岩及地表移动与变形。

（2）金属矿与煤矿充填开采岩移与变形的不同点：

1）矿体形态对岩移与变形的影响不同。煤矿多为近似水平或缓倾斜的层状矿体，矿体规模大（走向和倾向方向上的延伸均在几千米至十几千米），虽然采用充填法开采可以较大减少采空区高度，但是由于充填体的压缩、开采前顶板的移动量等因素，可认为充填法采煤相当于减小了煤层开采厚度（采高），降低了开采后留下的采空区高度，但方圆几千米至十几千米的低采空区连成一片，同样会引起充分采动，从而导致覆岩及地表的大范围产生比较大的移动与变形。而金属矿体由于多为倾斜矿体，矿体厚度不大（多为几米至几十米），充填开采后，由于空区被充填体填充，形成的低采空区由于矿体厚较小的原因，难以达到充分采动，覆岩及地表的移动与变形会更小。

2）围岩力学性质对岩移与变形的影响不同。煤矿开采覆岩多为沉积岩，覆岩多为软弱岩层，稳定性差，即使较小面积的采空区也会引起覆岩产生较大的垂直移动，产生冒落带和裂隙带，从而引起地表的移动与变形。而金属矿多赋存于火成岩中，围岩多为坚硬岩层，开采后直接顶板移动与变形小，即使在较大规模的采空区条件下，覆岩冒落后也容易形成拱冒，使覆岩趋于稳定，不会给地面造成较大的移动与变形。此外，由于围岩岩层坚硬，使得充填开采造成的覆岩移动变形过程很长，覆岩产生移动与变形比较连续，不像煤矿开采那样覆岩在较短的时间内产生较大的移动与变形，因而金属矿充填开采覆岩及地表的移动与变形也较煤矿开采更小，地表移动盆地更为平缓。

3）开采工艺对岩移与变形的影响不同。煤矿开采主要采用采煤机切割煤层，开采对直接顶板的破坏程度较小；而金属矿由于矿岩较为坚硬，主要采用凿岩爆破的方式（炮采）崩落矿石，爆破冲击波对采场直接顶板的破坏作用较大。由于直接顶板的移动与变形是上覆岩岩层及地表产生移动与变形的主要原因，因此两者的开采工艺对覆岩及地表移动与变形的影响不同。

综上，由于金属矿矿体形态、围岩性质以及开采工艺不同导致覆岩及地表的移动与变形规律不同，因此不能简单地将煤矿充填开采的覆岩及地表移动与变形理论直接运用到金属矿充填开采中，金属矿充填开采覆岩及地表移动与变形需根据其自身的特点研究分析其规律与机理。

1.4　本书研究内容、方法与技术路线

1.4.1　本书研究内容与方法

充填开采是实现矿山绿色开采的首选采矿方法，然而目前金属矿充填开采覆岩及地表的移动变形规律及机理并不清楚，为了减少金属矿山企业因按传统煤矿开采移动带圈定方法来带来的不必要开支，改善矿山企业经营状况，提高矿山采用充填采矿法的积极性，推动我国充填采矿技术的发展和进步，促进我国采矿业的可持续发展和向绿色矿业方向转变，本书开展了几种典型金属矿体充填开采覆岩移动与变形规律及其机理的研究，主要研究内容和方法如下：

（1）典型金属矿体充填开采覆岩移动及变形规律模拟研究：

1）数值模拟研究。采用 Flac3D 数值模拟软件模拟分析充填率、充填体力学性质、开采深度及矿体倾角 4 个因素对覆岩（含地表）不同水平的移动与变形的影响规律，进而分析 4 个因素对充填开采覆岩（含地表）不同水平岩层移动角的影响规律。

2）相似模拟实验研究。在数值模拟分析的基础上，根据相似原理，对比分析某特定条件下典型金属矿体充填开采与空场开采覆岩不同水平移动与变形动的态变化规律，与数值模拟分析结果形成相互验证。

（2）典型金属矿体充填开采覆岩移动与变形理论分析。在分析充填开采对金属矿覆岩及地表的减沉机理的基础上，根据数值模拟和相似模拟得到的覆岩及地表移动与变形的特征，结合弹性理论，建立典型金属矿体充填年开采覆岩及地表移动与变形的物理数学模型和计算公式，并将理论计算结果与数值模拟和相似模拟结果进行对比验证。

（3）典型金属矿体充填开采覆岩移动现场监测分析。建立位移监测网对某金属矿山充填开采覆岩的移动变化进行现场监测，将现场际监测结果与数值模拟和物理数学模型理论分析结果进行对比分析，相互验证。

1.4.2 本书研究技术路线

根据的研究内容与方法，确定的本书研究技术路线如图1-6所示。

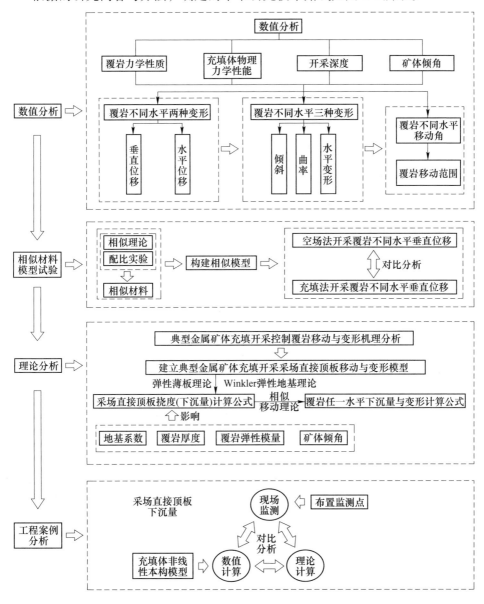

图 1-6 研究技术路线

2 典型金属矿体充填开采覆岩
移动与变形数值模拟

金属矿开采覆岩及地表移动与变形是一个非常复杂的岩石力学问题，地下开采破坏了地下岩层的原始应力平衡状态，造成围岩及直接顶板的移动变形或者破坏，从而引起覆岩自下而上逐渐发生移动与变形，甚至破坏直至地表[122,125~127]，上述过程是岩体连续不断发生移动与变形或者破坏的过程，而且是一个可见的过程，因此实际生产或研究中常常通过现场观测数据来分析研究覆岩移动与变形的规律。然而现场实际观测过程中由于受观测手段的限制，仅能对地表或者少数的几个井下生产水平的岩层移动与变形进行观测，难以对覆岩中的每个水平进行逐一的观测；而且地表或者少数的几个井下生产水平岩层移动与变形的观测，往往也受矿山生产、时间、地形条件等因素的限制，难以对整个过程进行连续全面的观测，观测获取的有限数据难以满足对覆岩的移动与变形规律及其机理进行全面分析研究[124,128]。尤其是采用充填法开采的金属矿山，由于其围岩一般比较坚硬，采空区被充填体填充，空区周围的岩体完整性也得以较好保持，空区直接顶板的移动与变形较小，造成覆岩及地表的移动与变形发生的时间点推迟较长，且覆岩移动与变形从开始至结束整个过程的持续时间也较长，因此给现场实际观测带来了极大的难度。

针对上述难题，计算机数值模拟分析是一个很好的解决途径。数值模拟不但可以方便快捷地研究不同因素对金属矿充填开采覆岩移动与变形的影响，对覆岩的任一水平的移动与变形情况进行分析，而且其模拟结果具有直观形象、易于操作分析的优势。尤其是进入 20 世纪后半叶以来，计算机及信息处理技术在各个行业和生产领域均取得了飞速的发展，土建、矿山领域中的数值模拟方法也应运而生，如 Flac、ANSYS、UDEC、2D-Block、ADINA、MIDAS 等。Flac（连续介质快速拉格朗日差分法，Fast Lagrangian Analysis of Continua）是美国国际著名岩土力学咨询公司 Itasca 于 1992 年开发的，是目前国际上公认的最优秀的岩土力学数值模拟软件之一，也是国际岩土力学界的主导数值模拟软件。其特点是后处理功能强大，依据计算的数据文件可根据需要创建并输出覆岩及地表位移、应力等的等值线图及剖面图，故而在矿业工程领域中广泛运用[128,131]。本书采用 Flac3.0 数值模拟软件对几种典型金属矿体充填开采覆岩及地表移动的规律进行计算分析。

2.1　覆岩及地表移动与变形的影响因素

根据金属矿充填开采的特征，影响覆岩及地表移动与变形因素主要有 4 个方面：矿岩赋存条件、矿岩物理力学性质、充填体物理力学性质和开采与充填工艺。

2.1.1　矿岩赋存条件

影响覆岩及地表移动与变形的矿岩赋存条件主要包括断层、构造应力、覆岩厚度（开采深度）、矿体厚度、矿体倾角等。

（1）断层。断层的存在使覆岩及地表的移动与变形分析变得更为复杂，断层可能引起断层上下盘覆岩沿断层面移动，加剧或减缓覆岩的移动与变形，从而造成覆岩及地表的移动范围增大或减小。覆岩及地表的移动与变形往往也会因为断层的存在发生突变，造成移动与变形的不连续变化。

（2）构造应力。由于金属矿岩层多为坚硬岩层，构造应力一般表现为水平应力，它的存在恶化了采场两帮围岩的受力状况，增大了采场两帮围岩的移动与变形或破坏程度，故增大了覆岩及地表的移动与变形。覆岩及地表在不同水平方向的移动与变形也会因为水平构造应力存在较大差异或发生突变。

（3）覆岩厚度（开采深度）。覆岩是地下矿石的采出诱发上一岩层及地表移动与变形的传递介质，覆岩厚度（开采深度）是影响覆岩及地表移动与变形的重要因素之一。覆岩厚度越大，作用在充填体上的作用力也越大，充填的压缩量也会相应变大，从而增加直接顶板的沉降，降低充填减沉效果；覆岩厚度越大，地下开采造成的上覆岩层及地表移动与变形范围也会越大，但充填压缩量增加的空间有限，故上覆岩层及地表移动与变形不一定会增大。煤矿地下开采方面的大量实测资料和研究表明，覆岩厚度越大，地表的移动与变形程度越小[25,26]。

（4）矿体厚度。矿体厚度是影响覆岩及地表移动与变形的重要因素之一，矿体厚度越大，开采全部结束后形成的采空区或被充填体填充的采空区跨度越大，采场直接顶板的移动与变形以及破坏深度也越大，加剧了上覆岩层及地表的移动与变形，覆岩及地表的移动与变形程度及范围也会相应增大。另外矿体厚度的增加也会造成充填欠接顶率的增大，从而增大覆岩及地表的移动与变形程度及范围。

（5）矿体倾角。矿体倾角不同，矿体开采后空区矿体上下盘及直接顶板的移动与变形或破坏形式不同。煤矿开采实测和研究表明，在急倾斜和缓倾斜矿体开采条件下，地表下沉盆地呈对称形分布，随着矿体倾角的增大，覆岩及地表的水平移动、水平变形、曲率和倾斜极值增大，且地表下沉盆地的最大下沉点逐渐向空区下山方向移动，下山方向的移动与变形范围逐渐扩大，上山方向的移动与变形范围则逐渐缩小。

2.1.2　矿岩物理力学性质

矿岩物理力学性质与矿体开采后围岩及覆岩中的应力、移动与变形密切相关。矿岩越坚硬，开采诱发岩层自身的移动与变形就会越小，从而传递给上层覆岩及地表的移动与变形量就越小，地表形成的下沉盆地就会越缓；反之则破坏越大。同时矿岩越坚硬，矿柱能够支撑较大面积的顶板暴露，岩层顶板破坏后也易形成悬拱，减小覆岩破坏的深度和移动与变形的程度。但是随着矿岩坚硬程度的增加，覆岩及地表的移动与变形范围会增大。

2.1.3　充填体物理力学性质

充填体的物理力学性质对覆岩及地表移动与变形的影响主要体现在充填体的压缩率和强度方面。充填体的抗压强度越大，其刚度也越大，压缩量越小，留给围岩和覆岩的移动的空间也越小。充填体充入采空区后，在较小的变形情况下能产生较大抗力，限制围岩及覆岩的进一步移动，从而减小上覆岩层及地表的移动与变形。充填体的早期强度越大，充填料浆充入采空区后，能较快产生足够的强度形成抗力，对限制围岩及覆岩的进一步移动也有一定的帮助。

2.1.4　开采与充填工艺

影响覆岩及地表移动与变形的开采工艺因素主要是空区充填前围岩的暴露时间和采矿爆破对围岩的破坏程度，充填工艺主要是充填率（充填空顶高度）。采用大采场高阶段嗣后充填法开采时，中深孔爆破对围岩和顶板的破坏程度大，采空区围岩和顶板暴露时间也较长，充填前围岩及顶板位移与变形较大，同时充填接顶质量难以保证，这些因素均降低了充填体限制围岩及顶板的移动与变形，不利于控制覆岩及地表的移动与变形；相反，采用分层充填法开采，浅孔爆破对围岩和顶板的破坏程度较小，围岩和顶板的暴露时间也比较短，充填接顶质量可以得到较好的保证，因而可以较好地限制围岩及顶板的移动与变形，从而控制覆岩及地表的移动与变形，因此，在地表有对变形敏感的建（构）筑物地区开采时，往往采用上向水平分层充填采矿法或上向水平分层进路充填采矿法。充填率对覆岩及地表移动与变形的影响体现在低充填率条件下，采空区中留给覆岩移动的空间大，充填体限制围岩及顶板移动的作用弱，致使覆岩及地表移动与变形增大。

综上所述，与传统的垮落法开采相比，影响金属矿充填开采覆岩及地表移动变形的因素较多。结合后续相似材料模拟研究，本书覆岩及地表移动与变形研究不考虑断层、构造应力和开采工艺三个影响因素，同时考虑到矿岩的物理力学参数较多（如密度、弹性模量、抗拉抗压强度、内摩擦角、泊松比等）且参数相互之间存在内在关联性，亦不考虑矿岩的物理力学性质对覆岩及地表移动与变形的影响。对于覆岩厚度与矿体厚度对覆岩及地表移动与变形的影响实质上是一个问题的两个不同方面，只需考虑其中一个参数即可，本书选用覆岩厚度。因此，金属矿体充填开采覆岩及地表移动与变形研究的影响因素本书主要考虑充填率、充填体力学性质、覆岩厚度和矿体倾角4个因素。

2.2 矿岩与充填物理力学参数

本章采用的矿岩物理力学参数为取至某金属矿山生产中段充填采场附近具有代表性的顶、底板和矿石岩样，由中南大学力学测试中心对岩样进行标准试件制作，并采用电液伺服材料试验机对试件物理力学性质进行测试，然后采用国际上广泛采用的推广后的 Hoek-Brown 强度折减准则、Mitrietal 岩体弹性模型折减经验公式以及摩尔库伦准则对矿岩试块测试参数进行折减后的所得的参数。矿岩物理力学性质的测定与折减过程见文献［133］，折减后矿岩物理力学参数见表 2-1。充填体的力学参数选用该矿山全尾砂制作的4种不同配比充填体室内测试得到的力学参数，见表 2-1。

表 2-1 矿岩及充填体物理力学参数

序号	名称	密度 /kg·m^{-3}	抗拉强度 /MPa	抗压强度 /MPa	弹性模量 /GPa	黏聚力 /MPa	内摩擦角 /(°)	泊松比
1	顶板（上盘）	2835	2.06	18.3	15.12	5.16	54.9	0.234
2	矿体	2729	3.28	26.9	15.75	9.58	51.2	0.238
3	底板（下盘）	2785	5.21	38.2	17.23	14.12	49.4	0.309
4	充填体（1:4）	1980	0.45	3.92	0.0573	0.282	41.5	0.184
5	充填体（1:8）	1890	0.17	2.48	0.0231	0.171	38.7	0.196
6	充填体（1:10）	1830	0.1	1.07	0.0141	0.143	36.9	0.215
7	充填体（1:12）	1720	—	0.68	0.0097	0.105	33.2	0.227

2.3 覆岩移动与变形规律数值模拟分析

根据一般金属矿山以及本书中实例矿山开采矿体的规模，同时为了方便后续相似材料模型模拟研究的开展，本章数值模拟开采矿体厚度（真厚）均为40m，阶段高度均为50m，阶段间顶、底柱厚度为6m。

　　由于目前数值模拟分析软件只能对开采后覆岩及地表移动与变形的最终状态进行模拟分析，即采用开挖→充填→再开挖→再充填→……的分布模拟计算方式无法得到充填后覆岩及地表移动与变形的准确值，因为第一步开挖计算后，围岩、覆岩及地表的变形均已达到最终状态，充填后再进行下一步分析，围岩、覆岩及地表变形几乎不会因为充填的存在再产生较大的变化，因此，为了得到不同开采条件下覆岩及地表移动与变形的准确值，本书对每个数值分析模型均设置了一个初始模型，计算模型未开挖前在原始重力作用下各质点的位移（垂直位移和水平位移）；然后再根据模型的开挖或充填区域，改变相应开挖或充填区域的材料属性，直接一步计算得到模型各质点的垂直位移和水平位移；再用后一步计算得到的位移值减去初始模型的位移值，得到相应的开采引发的各质点的附加位移，进而分析各质点的变形规律。

2.3.1　充填率对覆岩移动与变形的影响规律

　　为了探索不同充填率下金属矿覆岩及地表的移动与变形规律，结合本书中考虑的影响金属矿充填开采覆岩及地表移动与变形的4个因素，本节数值模拟模型覆岩厚度取200m，矿体倾角取60°，单个中段开采（不留顶底柱，即开采后未充填前采空区高度为50m），充填体物理力学参数取表2-1中配比为1∶8的充填体的相应参数，充填率取0%（即空场法开采）、60%、80%、90%、95%、100%。

2.3.1.1　覆岩及地表的位移与变形变化规律

　　某一质点的形变包括两种位移和三种变形，两种位移指的是垂直位移和水平位移，三种变形指的由两种移动引起的是倾斜变形、曲率变形（弯曲变形）以及水平变形（拉伸变形或压缩变形）。两种位移是三种变形产生的直接原因，但导致建构筑物发生移动、变形及破坏的直接原因却是三种变形。倾斜变形反映了某一水平变形后沿某一方向的坡度，它是诱发建（构）筑物发生偏斜的主要原因；曲率变形反映某一水平变形后的弯曲程度，它是诱发建（构）筑物内产生弯矩和剪切力，致使建（构）筑物出现裂缝或裂隙的主要原因；水平变形是某一水平相邻点之间水平移动的差值，它是诱发建（构）筑物产生拉伸变形或压缩变形的主要原因。因此，通过数值模拟分析，首先得到两种位移，然后根据两种位移计算得到三种变形。

　　经过数值模拟分析得到的不同充填率下覆岩中的垂直位移和水平位移变化规律分别如图2-1和图2-2所示。

　　为了进一步分析不同充填率下覆岩不同水平的两种位移和三种变形的变化规律，将Flac 3.0模拟计算结果导入TecPlot中，提取出覆岩中不同水平的位移数值计算结果，进而计算三种变形。

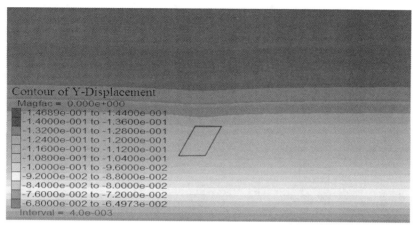

(a)

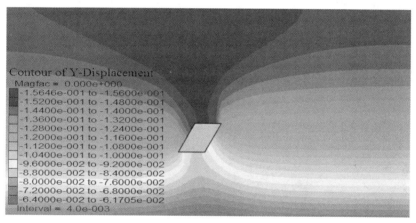

(b)

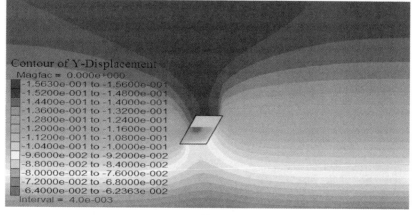

(c)

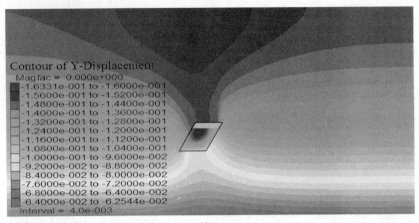

(d)

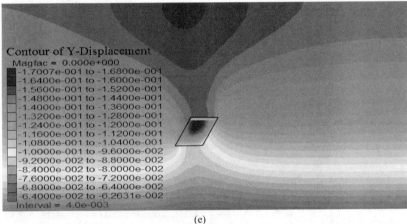

(e)

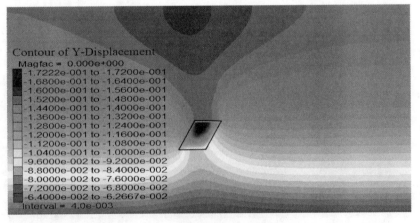

(f)

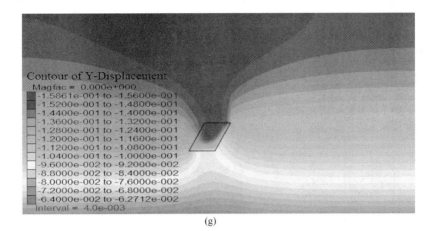

(g)

图 2-1 不同充填率下覆岩中的垂直位移变化规律云图

（a）初始模型；（b）充填率为0%（空场法）；（c）充填率为60%；

（d）充填率为80%；（e）充填率为90%；（f）充填率为95%；（g）充填率为100%

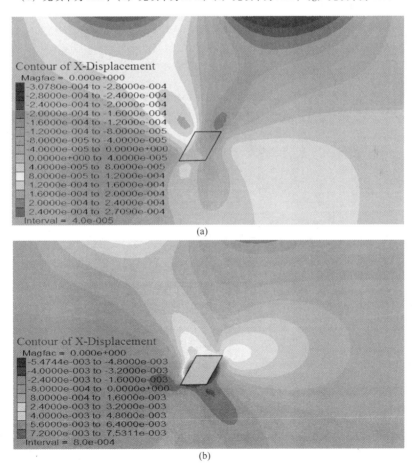

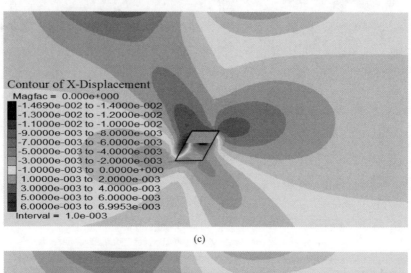

(c)

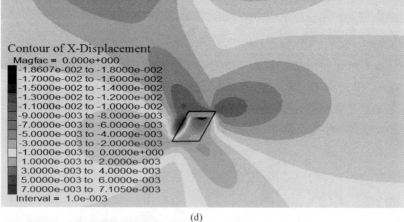

(d)

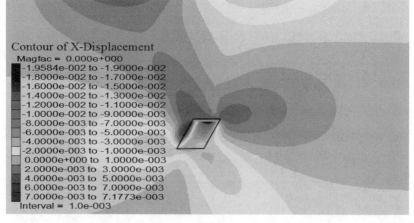

(e)

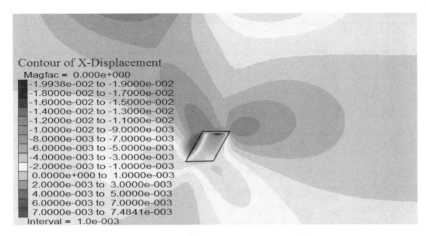

(f)

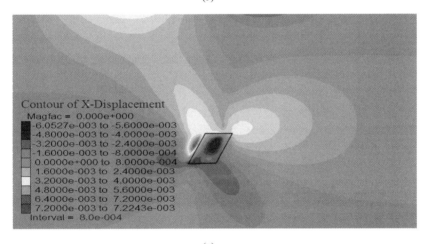

(g)

图 2-2 不同充填率下覆岩中的水平位移变化规律云图

(a) 初始模型；(b) 充填率为 0%（空场法）；(c) 充填率为 60%；(d) 充填率为 80%；

(e) 充填率为 90%；(f) 充填率为 95%；(g) 充填率为 100%

本节每个模型中覆岩移动与变形的分析水平共取 5 个，分别为 0m（采场直接顶板）、50m（采场直接顶板上 50m）、100m（采场直接顶板上 100m）、150m（采场直接顶板上 150m）和 200m（采场直接顶板上 200m，即地表）水平，每个水平均匀提取 300 个质点的位移数值计算结果，如图 2-3 所示。

提取出各模型覆岩不同水平的各质点的位移计算结果后，再按照以下方法计算各质点的三种变形。如图 2-4 所示，设覆岩某一水平上发生移动前的三个点的位置分别为 A、B、C，受矿体开采的影响，A、B、C 三点发生移动，移动停止后的最终位置为 A'、B'、C'，则根据该三点的移动情况，倾斜变形、水平变形和曲

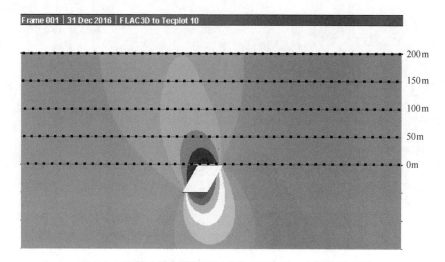

图 2-3　覆岩不同水平数值计算数据 TecPlot 中提取示意图

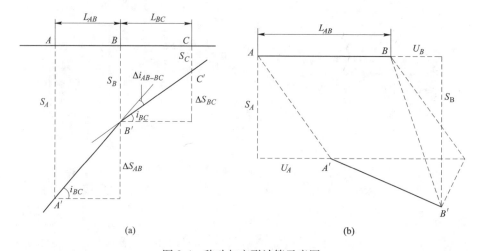

(a)　　　　　　　　　　　　　　(b)

图 2-4　移动与变形计算示意图

（a）垂直位移、倾斜、曲率计算示意图；（b）水平位移及水平变形计算示意图

率变形三种变形可分别按以下三式计算得到：

$$i_{AB} = \frac{\Delta S_{AB}}{L_{AB}} = \frac{S_B - S_A}{L_{AB}} \tag{2-1}$$

$$\varepsilon_{AB} = \frac{\Delta U_{AB}}{L_{AB}} = \frac{U_B - U_A}{L_{AB}} \tag{2-2}$$

$$K_B = \frac{\Delta i_{AB-BC}}{L_{AB} + L_{BC}} = \frac{i_{BC} - i_{AB}}{L_{AB} + L_{BC}} \tag{2-3}$$

式中　S_A，S_B——分别为 A、B 点的竖向位移；

U_A，U_B——分别为 A、B 点的水平位移；

ΔS_{AB}，ΔU_{AB}——分别为 A 点与 B 点的竖向位移差值和水平位移差值；

L_{AB}，L_{BC}——分别为 A 点与 B 点的距离和 B 点与 C 点的距离；

i_{AB}，i_{BC}——分别为 AB 段的倾斜变形和 BC 段的倾斜变形；

ε_{AB}——AB 段的水平变形；

K_B——B 点曲率变形。

根据以上方法及式（2-1）～式（2-3）可以得到的不同充填率下覆岩不同水平中位移和变形的变化规律，限于篇幅，本书仅给出 200m 水平的部分位移与变形规律，如图 2-5 所示。

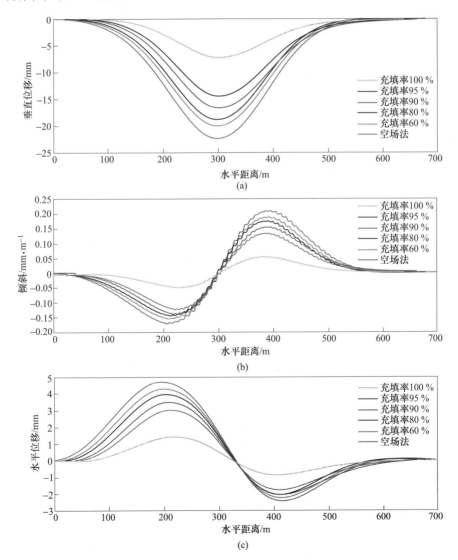

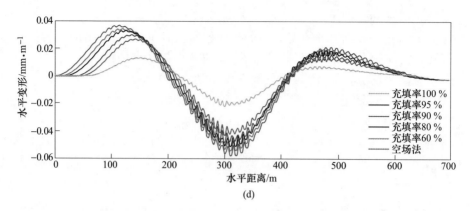

图 2-5 不同充填率下 200m 水平的位移与变形变化规律

（a）垂直位移；（b）倾斜；（c）水平位移；（d）水平变形

从图 2-5 可以看出，不同充填率下覆岩的移动与变形不同。为了进一步分析充填率对覆岩不同水平移动与变形的影响规律，同时为了便于分析，这里选取不同充填率下覆岩不同水平移动与变形的最大值进行分析。不同充填率下覆岩各水平位移与变形的最大值见表 2-2。

表 2-2 不同充填率下覆岩各水平位移与变形的最大值

序号	分析指标	分析水平 /m	充填率/%					
			0（空场法）	60	80	90	95	100
1	垂直位移 /mm	0	-107.11	-95.45	-89.97	-79.26	-68.55	-45.10
		50	-64.43	-57.42	-54.12	-47.68	-41.23	-22.23
		100	-43.41	-38.69	-36.46	-32.12	-27.78	-14.67
		150	-32.60	-29.05	-27.38	-24.12	-20.86	-10.58
		200	-22.40	-19.96	-18.82	-16.58	-14.34	-7.23
2	倾斜 /mm·m^{-1}	0	3.207	2.919	2.694	2.374	2.053	1.426
		50	0.960	0.873	0.806	0.710	0.614	0.307
		100	0.375	0.341	0.315	0.278	0.240	0.111
		150	0.237	0.216	0.199	0.176	0.152	0.068
		200	0.209	0.190	0.176	0.155	0.134	0.053
3	曲率 /10^{-2}mm·m^{-2}	0	26.96	24.54	22.65	19.95	17.26	12.49
		50	4.55	4.14	3.82	3.37	2.91	1.29
		100	0.66	0.60	0.56	0.49	0.42	0.24
		150	0.40	0.37	0.34	0.30	0.26	0.14
		200	0.38	0.35	0.32	0.28	0.24	0.16

序号	分析指标	分析水平/m	充填率/%					
			0（空场法）	60	80	90	95	100
4	水平位移/mm	0	29.85	27.16	25.07	22.09	19.10	10.60
		50	15.08	13.72	12.67	11.16	9.65	5.04
		100	9.73	8.85	8.17	7.20	6.23	3.23
		150	6.92	6.30	5.81	5.12	4.43	2.23
		200	4.70	4.28	3.95	3.48	3.01	1.45
5	水平变形/mm·m^{-1}	0	−0.652	−0.593	−0.548	−0.482	−0.417	−0.351
		50	−0.151	−0.137	−0.126	−0.111	−0.096	−0.050
		100	−0.087	−0.079	−0.073	−0.064	−0.056	−0.032
		150	−0.065	−0.060	−0.056	−0.051	−0.044	−0.024
		200	−0.058	−0.054	−0.051	−0.048	−0.043	−0.022

根据表 2-2 得到充填率对覆岩各水平位移与变形最大值的影响规律，如图2-6所示。

结合图 2-5、图 2-6 和表 2-2 中的数据可以看出，相较于空场法开采，采用充填法开采，当充填率为 60% 时，覆岩各水平的最大位移与变形平均仅减小了9.24%；充填率为 80% 时，平均减小了 15.75%；充填率为 90% 时，平均减小了25.50%；充填率为 95% 时，平均减小了 35.41%；充填率为 100% 时，平均减小了 64.70%。对采空区进行充填可以减小覆岩各水平的移动与变形，且随着充填率的提高，覆岩各水平的最大位移与变形呈非线性减小趋势。这同时也表明，充填率较低时，充填体充入采空区后对围岩及顶板的支撑力较弱，对覆岩的移动与变形控制作用较差；充填率为 100% 时，充入空区的充填体由于较好地支撑了采空区围岩及顶板，从而很好地控制了覆岩的移动与变形。因此在实际充填开采过程中，为了能较好地控制覆岩及地表的移动与变形，应尽量提高充填率至 100%。

2.3.1.2 覆岩及地表的岩层移动角变化规律

移动角是矿山开采覆岩及地表移动与变形研究中最重要的角值参数，矿山开采设计中移动角确定合理与否直接关系到地面建（构）筑物安全和征地、建（构）筑物搬迁费用等，切实关系到矿山的经济效益和安全生产。因此，研究充填率、充填体力学性能、矿体厚度和矿体倾角等因素对移动角的影响非常有必要。传统的移动角是基于崩落法、空场法等垮落法开采确定的，鉴于此，本章主要根据采用空场法开采时选取的移动角对应的覆岩各水平倾斜、曲率和水平变形参数值分析不同充填开采覆岩各水平的移动角变化规律。这里以倾斜为例，如图

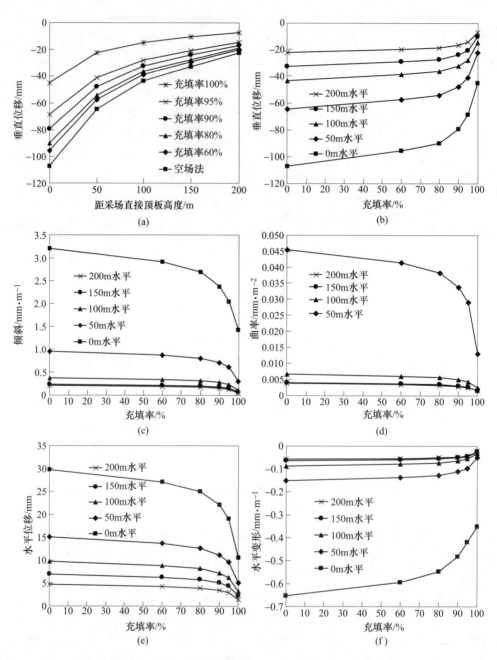

图 2-6　充填率对覆岩各水平位移与变形最大值的影响规律

（a）垂直位移；（b）垂直位移；（c）倾斜；（d）曲率；（e）水平位移；（f）水平变形

2-7 所示，根据某金属矿山开采设计中按空场法确定的移动角为 60°，可以得到覆岩某一水平移动范围边界点 A 对应的倾斜值，然后根据这个倾斜值可以确定充填开采的移动范围边界点 A'，从而可以确定充填法的移动角；同理，可以得到曲率和水平变形对应的移动角。倾斜、曲率和水平变形 3 个参数确定的移动角的最小值即为充填法开采的移动角。

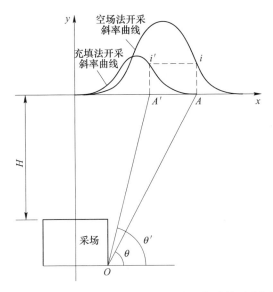

图 2-7 充填开采覆岩任一水平的移动角计算示意图

按照上述方法确定的不同充填率下覆岩各水平的移动角见表 2-3，根据表 2-3 得到的移动角随充填率及其不同分析水平的变化趋势如图 2-8 所示。

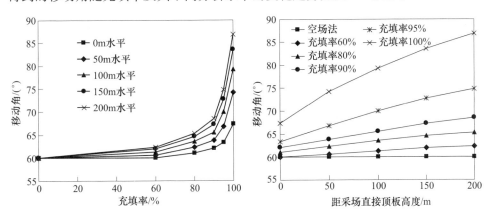

图 2-8 充填率对覆岩各水平移动角的影响规律

结合图 2-8 和表 2-3 的数据可以看出，相较于空场法开采，充填法开采当充填率为 60% 时，覆岩各水平移动角平均增大了 2.11%；充填率为 80% 时，平均增大了 5.63%；充填率为 90% 时，平均增大 9.10%；充填率为 95% 时，平均增大了 15.92%；充填率为 100% 时，平均增大了 30.41%；对采空区进行充填可以增大覆岩的岩层移动角，且随着充填率的提高，覆岩各水平移动角呈非线性增大。这也进一步说明了充填率较低时，充填体充入采空区后对围岩及顶板的支撑力较弱，对覆岩的移动与变形控制作用较差，覆岩岩层移动角的增大不明显；充填率为 100% 时，充入空区的充填体由于较好地支撑了采空区围岩及顶板，从而很好地控制了覆岩的移动与变形，较大地增大了覆岩的岩层移动角，因此，从提高岩层移动角方面，实际充填开采过程中，也应尽量提高充填率至 100%。

从图 2-8 还可以看出，相同充填率下，覆岩中距离采场直接顶板高度越大的水平，岩层移动角增大得越多，这说明提高充填率对距离采场直接顶板高度越大的上部覆岩甚至地表的减沉效果越明显。

表 2-3　不同充填率下覆岩各水平的移动角　　　　　　　　(°)

序号	充填率/%	距采场直接顶板高度/m				
		0	50	100	150	200
1	0	60	60	60	60	60
2	60	60	60.62	61.3	62.03	62.39
3	80	61.12	62.35	63.57	64.58	65.26
4	90	62.08	63.84	65.52	67.31	68.54
5	95	63.35	66.78	69.98	72.8	74.84
6	100	67.36	74.2	79.35	83.5	86.83

2.3.2　充填体物理力学性能对覆岩移动与变形的影响规律

本节数值模拟模型覆岩厚度取 200m，矿体倾角取 60°，分 3 个中段开采，分别对采空区进行不充填（即空场法开采）和采用 1:4、1:8、1:10、1:12 四种不同配比充填体进行充填（根据上节分析结果，本节及后续模拟分析充填率均取 100%），四种不同配比充填体物理力学参数见表 2-1。

2.3.2.1　覆岩及地表的位移与变形变化规律

经过数值模拟分析得到的采用不同配比充填体充填采空区下覆岩中的垂直位移和水平位移变化规律分别如图 2-9 和图 2-10 所示。

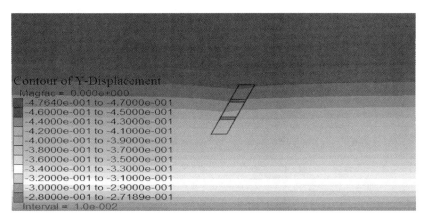

(a)

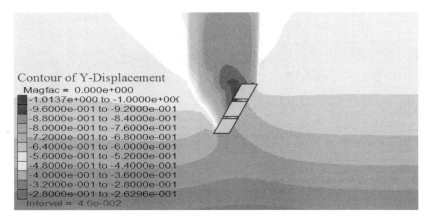

(b)

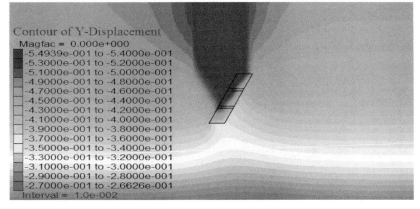

(c)

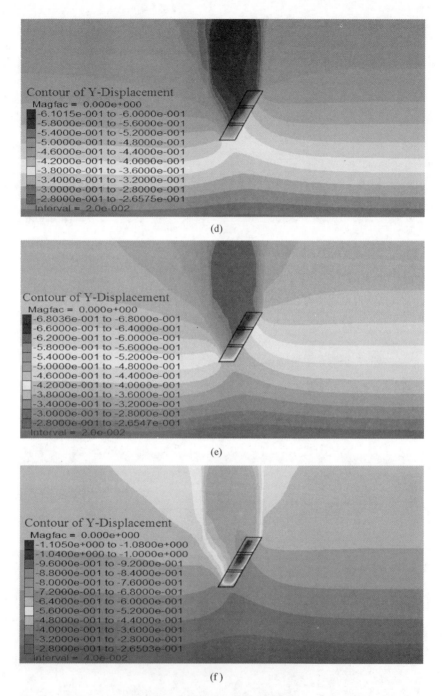

图 2-9　不同配比充填体下覆岩中的垂直位移变化规律云图

（a）初始模型；（b）空场法；（c）充填体配比为 1∶4；（d）充填体配比为 1∶8；

（e）充填体配比为 1∶10；（f）充填体配比为 1∶12

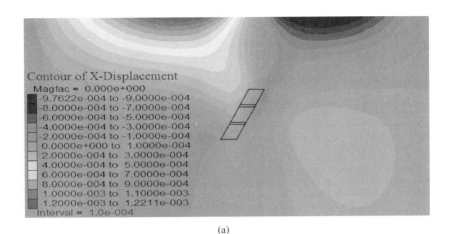

(a)

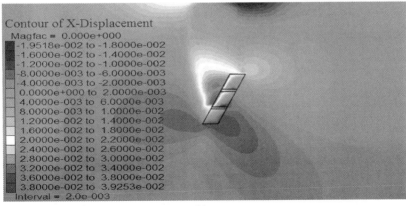

(b)

Contour of X-Displacement
Magfac = 0.000e+000

-1.9518e-002 to -1.8000e-002
-1.6000e-002 to -1.4000e-002
-1.2000e-002 to -1.0000e-002
-8.0000e-003 to -6.0000e-003
-4.0000e-003 to -2.0000e-003
0.0000e+000 to 2.0000e-003
4.0000e-003 to 6.0000e-003
8.0000e-003 to 1.0000e-002
1.2000e-002 to 1.4000e-002
1.6000e-002 to 1.8000e-002
2.0000e-002 to 2.2000e-002
2.4000e-002 to 2.6000e-002
2.8000e-002 to 3.0000e-002
3.2000e-002 to 3.4000e-002
3.6000e-002 to 3.8000e-002
3.8000e-002 to 3.9253e-002
Interval = 2.0e-003

(c)

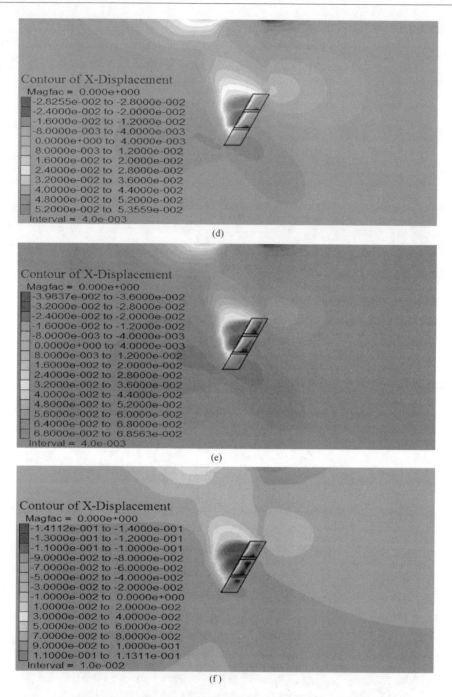

图 2-10　不同配比充填体下覆岩中的水平位移变化规律云图

(a) 初始模型；(b) 空场法；(c) 充填体配比为 1∶4；(d) 充填体配比为 1∶8；
(e) 充填体配比为 1∶10；(f) 充填体配比为 1∶12

同前上节，为了进一步分析不同配比充填体下覆岩不同水平的两种位移和三种变形的变化规律，这里同样将 Flac 3.0 模拟计算结果导入 TecPlot 中，提取每个模型覆岩中 5 个不同水平（0m、50m、100m、150m 和 200m 水平）的位移数值计算结果，计算三种变形的变化规律。限于篇幅，本书仅给出不同配比充填体下 200m 水平的部分位移与变形规律，如图 2-11 所示。

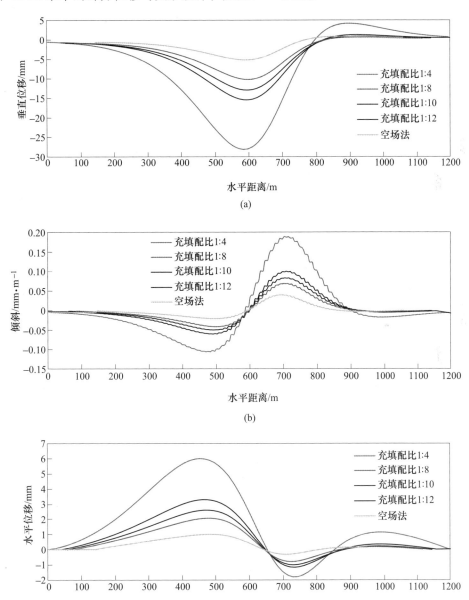

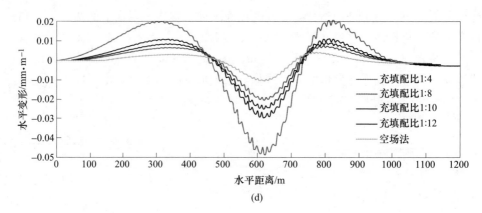

(d)

图 2-11　不同配比充填体下 200m 水平的位移与变形变化规律

(a) 垂直位移；(b) 倾斜；(c) 水平位移；(d) 水平变形

从图 2-11 可以看出，不同配比充填体充填下，覆岩的移动与变形不同。同上节，为了进一步分析不同配比充填体对覆岩不同水平移动与变形的影响规律，这里选取不同配比充填体下覆岩不同水平移动与变形的最大值进行分析。不同配比充填体下覆岩各水平位移与变形的最大值见表 2-4。

表 2-4　不同配比充填体下覆岩各水平位移与变形的最大值

序号	分析指标	分析水平/m	充填配比				
			空场法	1：12	1：10	1：8	1：4
1	垂直位移 /mm	0	−153.01	−92.83	−78.69	−65.37	−33.89
		50	−80.54	−47.13	−39.58	−31.31	−15.59
		100	−54.26	−31.11	−26.12	−20.67	−10.29
		150	−40.75	−22.42	−18.83	−14.90	−7.41
		200	−28.00	−15.34	−12.88	−10.19	−5.07
2	倾斜 /mm·m⁻¹	0	4.009	2.624	2.388	2.067	1.121
		50	1.199	0.641	0.559	0.432	0.220
		100	0.469	0.242	0.200	0.157	0.083
		150	0.297	0.149	0.123	0.096	0.051
		200	0.190	0.101	0.085	0.070	0.042
3	曲率 /10⁻²mm·m⁻²	0	33.70	25.02	20.03	18.10	9.68
		50	4.26	2.45	2.14	1.82	0.62
		100	0.83	0.47	0.40	0.33	0.18
		150	0.50	0.30	0.23	0.19	0.07
		200	0.28	0.16	0.14	0.09	0.05

续表2-4

序号	分析指标	分析水平/m	充填配比				
			空场法	1:12	1:10	1:8	1:4
4	水平位移 /mm	0	37.31	21.76	18.72	15.37	7.79
		50	18.85	11.04	9.10	7.10	3.49
		100	12.16	6.84	5.74	4.55	2.26
		150	8.65	4.67	3.89	3.14	1.51
		200	5.99	3.28	2.62	2.05	1.02
5	水平变形 /mm·m⁻¹	0	−0.826	−0.444	−0.383	−0.326	−0.141
		50	−0.123	−0.071	−0.058	−0.046	−0.024
		100	−0.071	−0.042	−0.036	−0.029	−0.013
		150	−0.052	−0.030	−0.026	−0.021	−0.009
		200	−0.048	−0.028	−0.022	−0.018	−0.008

根据表2-4得到的充填配比对覆岩各水平位移与变形最大值的影响规律如图2-12所示。

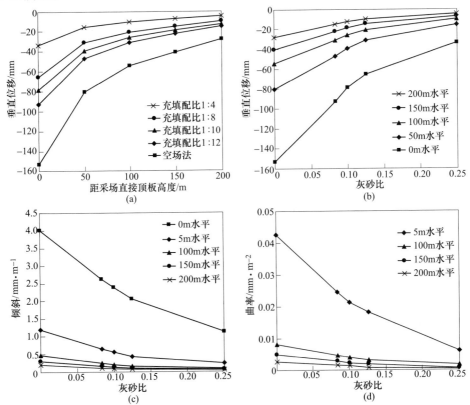

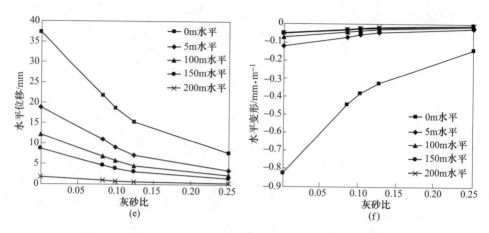

图 2-12　充填体配比对覆岩各水平位移与变形最大值的影响规律
（a）垂直位移；（b）垂直位移；（c）倾斜；（d）曲率；（e）水平位移；（f）水平变形

结合图 2-11、图 2-12 和表 2-4 的数据可以看出，相较于空场法开采，充填开采当充填配比为 1：12 时，覆岩各水平的最大位移与变形平均减小了 42.65%；当充填配比为 1：10 时，平均减小了 51.79%；当充填配比为 1：8 时，平均减小了 61.22%；当充填配比为 1：4 时，平均减小了 80.91%。采用不同配比充填体充填采空区，覆岩各水平的移动与变形减少情况不同，且随着充填配比（即灰砂比）的提高，覆岩各水平的最大位移与变形也呈非线性减小趋势。这主要是因为充填配比越高，充填体刚度与强度越大，对采空区围岩及顶板的支撑力越大，从而限制了覆岩及地表的移动与变形。因此实际充填开采生产中，为了更好地控制覆岩及地表的移动与变形可以采取提高充填配比的办法。同时从图 2-12 还可以看出，充填配比从 1：12 提高到 1：10，从 1：10 提高到 1：8，和从 1：8 提高到 1：4，灰沙比依次增大 20%、25% 和 100%，覆岩各水平最大位移与变形平均减小量的增大率从 107.12% 降低到 72.85%，再降低到 32.16%，随着充填进一步配比的提高，覆岩各水平的最大位移与变形减小幅度逐渐减小。这说明当充填配比较高时，再进一步提高充填配比，覆岩及地表的移动与变形减小量并不明显增大。这主要是因为充填体的力学性能相较于原始矿岩的力学性能弱很多，充填配比即使很高，充填体也不能达到原始矿岩的力学性能，并不能完全控制覆岩及地表的移动与变形。因此实际充填开采生产中，采用较高的充填配比并不能完全控制覆岩及地表的移动与变形，同时充填配比过高还会增加开采成本，也不经济。

2.3.2.2　覆岩及地表的岩层移动角变化规律

按照上节的移动角确定方法得到不同充填体配比下覆岩各水平的移动角见表

2-5，根据表 2-5 得到移动角随充填配比及其不同分析水平的变化趋势如图 2-13 所示。

结合图 2-13 和表 2-5 的数据可以看出，相较于空场法开采，充填开采当充填配比为 1∶12 时，覆岩各水平移动角平均增大了 16.94%；当充填配比为 1∶10 时，平均增大了 20.46%；当充填配比为时 1∶8 时，平均增大了 26.24%；当充填配比为 1∶4 时，平均增大了 31.49%。采用不同配比充填体充填采空区，覆岩各水平的移动角增大情况不同，且随着充填配比（即灰砂比）的提高，覆岩各水平移动角也呈非线性增大。这也从另一方面说明了充填配比越高，充填体刚度与强度越大，对采空区围岩及顶板的支撑力越大，从而限制了覆岩及地表的移动与变形。因此，实际充填开采过程中，可以采取提高充填配比的办法来增大岩层的移动角。

表 2-5　不同充填体配比下覆岩各水平的移动角　　　　　　　　（°）

序号	充填配比	距采场直接顶板高度/m				
		0	50	100	150	200
1	空场法	60.00	60.00	60.00	60.00	60.00
2	1∶12	62.81	67.59	71.46	73.72	75.22
3	1∶10	63.50	69.18	73.99	76.41	78.31
4	1∶8	64.96	72.13	77.62	80.85	83.15
5	1∶4	71.86	85.92	—	—	—

注："—"表示未出现移动角。

从图 2-13 还可以看出，同一充填配比下，覆岩中距离采场直接顶板高度越大的水平，岩层移动角增大得越多，这说明提高充填配比对距离采场直接顶板高度越大的上部覆岩甚至地表的减沉效果越明显。当充填配比提高到 1∶4 时，距

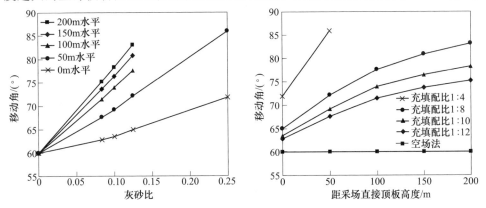

图 2-13　充填体配比对覆岩各水平移动角的影响规律

离采场顶板高度 100m 以上的覆岩未出现移动角，即覆岩顶部及地表不会出现移动带，这也从另一角度说明，在一定条件下，为了控制覆岩及地表的移动与变形，无须采用很高配比的充填体来充填采空区。

2.3.3 覆岩厚度对覆岩移动与变形的影响规律

本节数值模拟模型覆矿体倾角取 60°，分 3 个中段开采，覆岩厚度取 100m、200m、400m 和 600m 四种，相同覆岩厚度下采用空场法和充填法（充填体物理力学参数取表 2-1 中配比为 1∶8 的充填体的相应参数）两种方法开采。

2.3.3.1 覆岩及地表的位移与变形变化规律

经过数值模拟分析得到的不同覆岩厚度下覆岩中的垂直位移和水平位移变化规律分别如图 2-14 和图 2-15 所示（由于每个模型均有一个不同的初始模型和空采矿开采方法，云图较多，限于篇幅，本书只列出不同覆岩厚度下充填法开采时覆岩中的位移云图）。

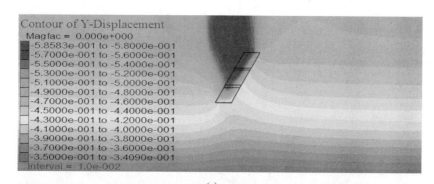

(a)

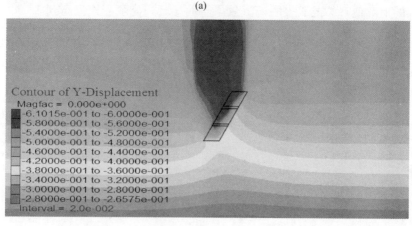

(b)

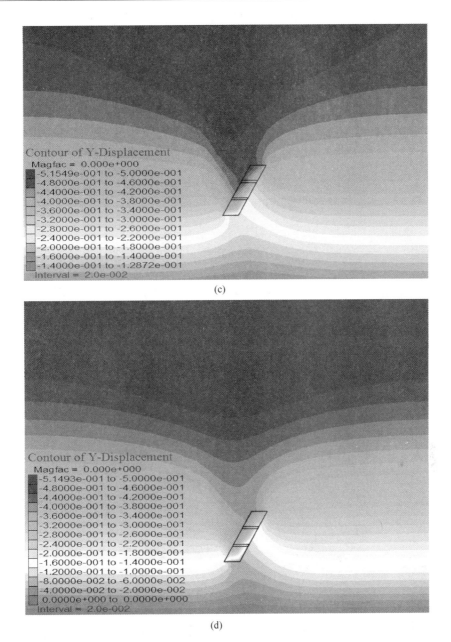

图 2-14 不同覆岩厚度下覆岩中的垂直位移变化规律云图

（a）覆岩厚度为 100m；（b）覆岩厚度为 200m；（c）覆岩厚度为 400m；（d）覆岩厚度为 600m

　　同前两节，为了进一步分析不同覆岩厚度下覆岩不同水平的两种位移和三种变形的变化规律，同样将 Flac 3.0 模拟计算结果导入 TecPlot 中，提取出模型覆岩中 8 个不同水平（0m、50m、100m、150m、200m、250m、300m 和 400m 水平）的位移数值计算结果，计算三种变形的变化规律。限于篇幅，本书仅给出不同覆岩厚度下 100m 水平的部分位移与变形规律，如图 2-16 所示。

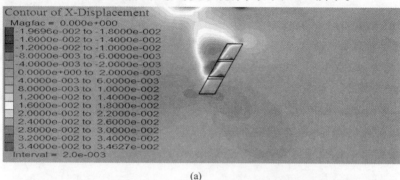

(a)

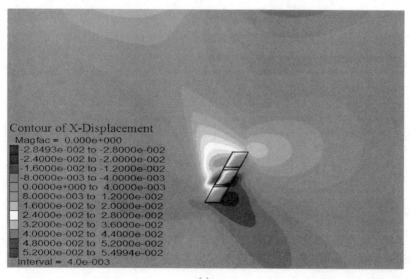

(b)

(c)

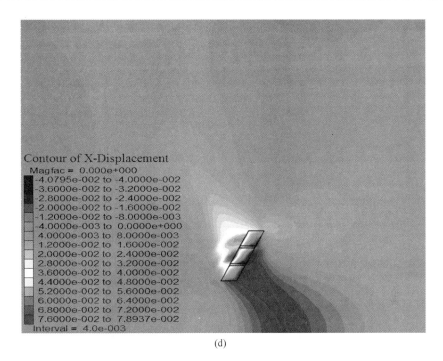

(d)

图 2-15 不同覆岩厚度下覆岩中的水平位移变化规律云图

（a）覆岩厚度为 100m；（b）覆岩厚度为 200m；（c）覆岩厚度为 400m；（d）覆岩厚度为 600m

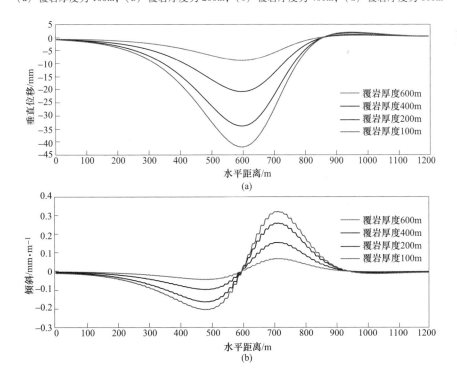

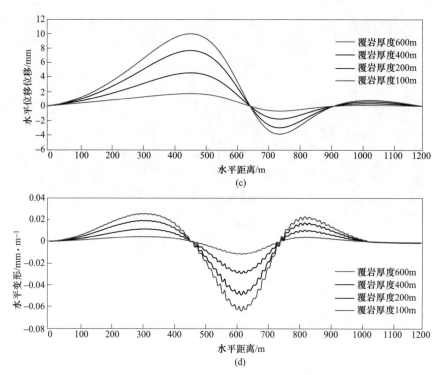

图 2-16 不同覆岩厚度下 100m 水平的位移与变形变化规律

（a）垂直位移；（b）倾斜；（c）水平位移；（d）水平变形

　　从图 2-16 可以看出，覆岩厚度不同，充填开采诱发的覆岩的移动与变形也不同。同前面两节一样，为了进一步分析覆岩厚度对覆岩不同水平移动与变形的影响规律，这里选取不同覆岩厚度下覆岩不同水平移动与变形的最大值进行分析。不同覆岩厚度下覆岩各水平位移与变形的最大值见表 2-6。

表 2-6 不同覆岩厚度下覆岩各水平位移与变形的最大值

序号	分析指标	分析水平 /m	覆岩厚度/m			
			100	200	400	600
1	垂直位移 /mm	0	−31.45	−65.37	−122.92	−152.44
		50	−13.67	−31.31	−57.92	−72.46
		100	−8.85	−20.67	−33.79	−41.98
		150		−14.90	−25.28	−31.46
		200		−10.19	−21.32	−26.68
		250			−18.31	−22.98
		300			−16.07	−20.21
		400			−12.21	−15.34

序号	分析指标	分析水平 /m	覆岩厚度/m			
			100	200	400	600
2	倾斜 /mm·m^{-1}	0	1.243	2.067	3.498	4.017
		50	0.236	0.432	0.692	0.833
		100	0.067	0.157	0.256	0.319
		150		0.096	0.167	0.226
		200		0.061	0.122	0.177
		250			0.100	0.143
		300			0.083	0.119
		400			0.057	0.073
3	曲率 /10^{-2}mm·m^{-2}	0	10.89	18.10	30.63	35.18
		50	0.99	1.82	2.92	3.51
		100	0.14	0.33	0.55	0.68
		150		0.19	0.34	0.46
		200		0.09	0.17	0.25
		250			0.14	0.20
		300			0.12	0.17
		400			0.08	0.10
4	水平位移 /mm	0	9.24	15.37	24.56	29.07
		50	3.88	7.10	11.37	13.70
		100	1.78	4.55	7.71	9.95
		150		3.14	5.44	7.36
		200		2.05	4.11	5.98
		250			3.38	4.84
		300			2.82	4.03
		400			1.91	2.47
5	水平变形 /mm·m^{-1}	0	−0.196	−0.326	−0.521	−0.617
		50	−0.025	−0.046	−0.073	−0.088
		100	−0.011	−0.029	−0.049	−0.063
		150		−0.021	−0.036	−0.049
		200		−0.018	−0.033	−0.044
		250			−0.029	−0.039
		300			−0.024	−0.035
		400			−0.017	−0.021

　　根据表 2-6 得到覆岩厚度对覆岩各水平位移与变形的最大值的影响规律如图 2-17 所示。

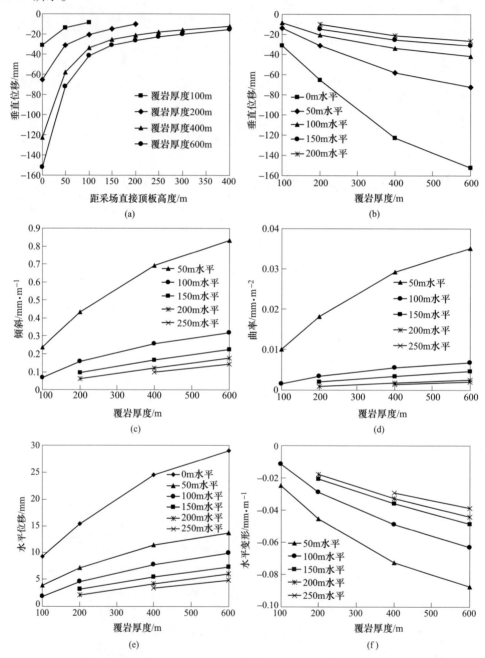

图 2-17　不同覆岩厚度对覆岩各水平位移与变形最大值的影响规律
（a）垂直位移；（b）垂直位移；（c）倾斜；（d）曲率；（e）水平位移；（f）水平变形

结合图 2-16、图 2-17 和表 2-6 的数据可以看出，充填开采中当覆岩厚度从 100m 增加到 200m，从 200m 增加大 400m，和从 400m 增加到 600m 时（即覆岩厚度依次增大了 100%、100% 和 50%），覆岩各水平的最大位移与变形平均增大率从 103.27% 降低到 66.75%，再降低到 43.77%，说明覆岩各水平的最大位移与变形随着覆岩厚度的线性增大并不呈线性增大的趋势，而是其增大幅度逐渐减小，这主要是因为侧应力的存在降低了采空区顶板周围的竖向应力，从而减缓了覆岩各水平的位移与变形的增大趋势。同时从图 2-17 还可以看出，随着覆岩的增加，覆岩中距离地表越近的水平变形逐渐减小，这说明开采深度的增加，覆岩中距离地表越近的水平下沉与移动盆随着岩移范围的逐渐增大变得更加平缓，从而减小了覆岩的变形。因此深部充填开采中若按照传统的方法确定地表移动范围是不甚合理的。

2.3.3.2 覆岩及地表的岩层移动角变化规律

按照 2.1 节中移动角的确定方法得到不同覆岩厚度下覆岩各水平的移动角，见表 2-7，根据表 2-7 得到的移动角随覆岩厚度及其不同分析水平的变化趋势如图 2-18 所示。

表 2-7 不同覆岩厚度下覆岩各水平的移动角 (°)

序号	覆岩厚度/m	距采场直接顶板高度/m							
		0	50	100	150	200	250	300	400
1	100	66.98	74.41	80.14					
2	200	64.96	72.13	77.62	80.85	83.15			
3	400	62.95	69.61	74.52	78.03	80.83	83.25	85.55	—
4	600	61.58	67.62	72.23	75.82	78.76	81.33	83.73	87.52

注："—"表示未出现移动角。

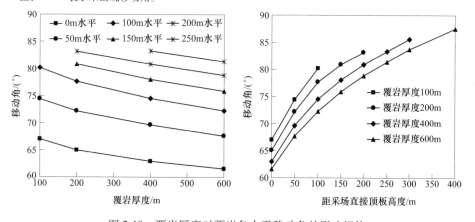

图 2-18 覆岩厚度对覆岩各水平移动角的影响规律

结合图 2-18 和表 2-7 数据可以看出，充填开采中，随着覆岩厚度的增加，覆岩中距离采场直接顶板高度相同的各水平的移动角呈非线性减小趋势，但减小幅度逐渐减小。同时充填开采中当覆岩厚度为 400m 时，其 400m 水平（即地表）未出现移动角；当覆岩厚度增加到 600m，其 400m 水平（即地表下 200m 水平）移动角已达到 87.52°。根据图 2-18 的变化趋势可以看出，其移动角不会发展到地表。这说明采用充填法开采，随着覆岩厚度的增加，移动角在覆岩发育高度增高；但是当覆岩厚度增大到一定厚度时，在一定条件下，移动角在覆岩中发育到一定高度的水平后消失，覆岩顶部及地面不会出现移动带。

2.3.4 矿体倾角对覆岩移动与变形的影响规律

本节数值模拟模型覆岩厚度取 200m，分三个中段开采，矿体倾角取 45°、60°、75°和 90°四种，相同倾角下采用空场法和充填法（充填体物理力学参数取表 2-1 中配比为 1∶8 的充填体的相应参数）两种方法开采。

2.3.4.1 覆岩及地表的位移与变形变化规律

经过数值模拟分析得到的不同矿体倾角下覆岩中的垂直位移和水平位移变化规律分别如图 2-19 和图 2-20 所示（同上节，限于篇幅，这里只列出不同矿体倾角下充填法开采时覆岩中的位移云图）。

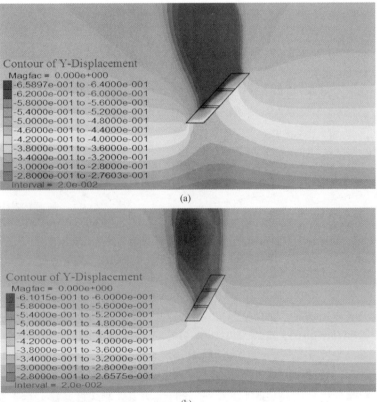

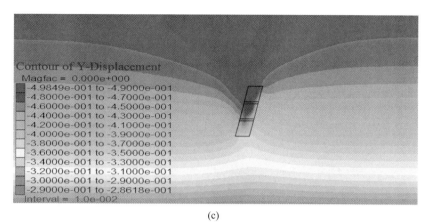

(c)

(d)

图 2-19 不同矿体倾角下覆岩中的垂直位移变化规律云图

（a）矿体倾角为 45°；（b）矿体倾角为 60°；（c）矿体倾角为 75°；（d）矿体倾角为 90°

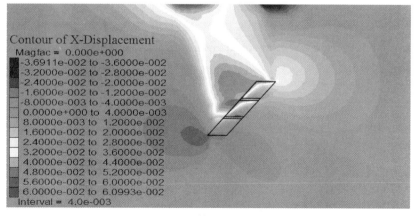

(a)

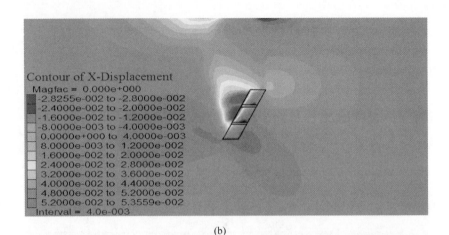

(b)

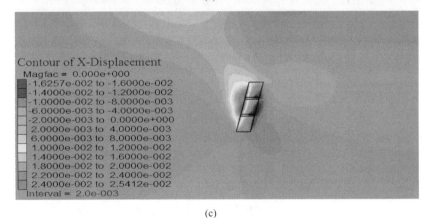

(c)

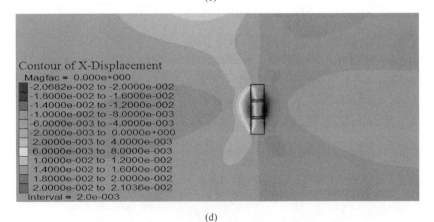

(d)

图 2-20　不同矿体倾角下覆岩中的水平位移变化规律云图

（a）矿体倾角为 45°；（b）矿体倾角为 60°；（c）矿体倾角为 75°；（d）矿体倾角为 90°

同前几节，为了进一步分析不同矿体倾角下覆岩不同水平的两种位移和三种变形的变化规律，将 Flac 3.0 模拟计算结果导入 TecPlot 中，提取出每个模型覆岩中 5 个不同水平（0m、50m、100m、150m 和 200m）的位移数值计算结果，计算三种变形的变化规律。限于篇幅，本书仅给出不同矿体倾角下 200m 水平的部分位移与变形规律，如图 2-21 所示。

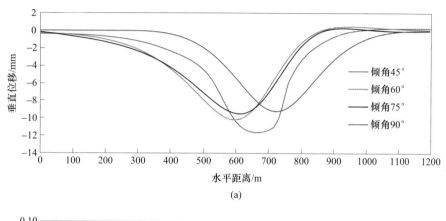

(a)

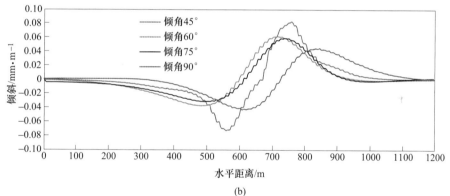

(b)

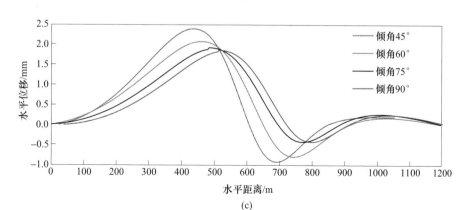

(c)

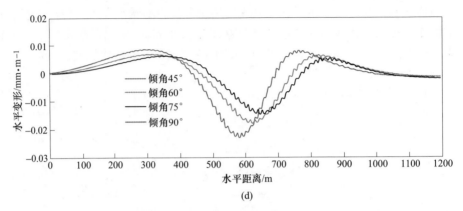

(d)

图 2-21　不同矿体倾角下 200m 水平的位移与变形变化规律

(a) 垂直位移；(b) 倾斜；(c) 水平位移；(d) 水平变形

从图 2-21 可以看出，矿体倾角对充填开采的覆岩的移动与变形有一定影响。同前几节，为了进一步分析矿体倾角对覆岩不同水平移动与变形的影响规律，这里选取不同矿体倾角下覆岩不同水平移动与变形的最大值进行分析。不同矿体倾角下覆岩各水平位移与变形的最大值见表 2-8。

表 2-8　不同矿体倾角下覆岩各水平位移与变形的最大值

序号	分析指标	分析水平 /m	矿体倾角/(°)			
			45	60	75	90
1	垂直位移 /mm	0	−70.09	−65.37	−60.81	−58.19
		50	−34.08	−31.31	−27.90	−26.95
		100	−22.84	−20.67	−18.70	−18.06
		150	−16.71	−14.90	−13.68	−13.21
		200	−11.60	−10.19	−9.50	−9.18
2	倾斜 /mm·m⁻¹	0	2.286	2.067	1.620	1.491
		50	0.485	0.432	0.361	0.282
		100	0.178	0.157	0.126	0.108
		150	0.111	0.096	0.079	0.063
		200	0.082	0.070	0.058	0.044
3	曲率 /10⁻²mm·m⁻²	0	28.19	18.10	16.57	14.26
		50	2.02	1.82	1.69	1.60
		100	0.47	0.33	0.32	0.27
		150	0.28	0.19	0.19	0.16
		200	0.18	0.09	0.08	0.07

序号	分析指标	分析水平/m	矿体倾角/(°)			
			45	60	75	90
4	水平位移/mm	0	16.75	15.37	13.43	11.18
		50	7.86	7.10	6.30	5.25
		100	5.11	4.55	4.10	3.41
		150	3.58	3.14	2.87	2.39
		200	2.38	2.05	1.91	1.76
5	水平变形/mm·m^{-1}	0	−0.395	−0.326	−0.248	−0.195
		50	−0.056	−0.046	−0.035	−0.028
		100	−0.036	−0.029	−0.023	−0.018
		150	−0.026	−0.021	−0.017	−0.013
		200	−0.023	−0.018	−0.014	−0.011

根据表 2-8 得到矿体倾角对覆岩各水平位移与变形的最大值的影响规律如图 2-22 所示。

结合图 2-21、图 2-22 和表 2-8 的数据可以看出，随着矿体倾角的变大，覆岩中距离采场直接顶板高度相同的各水平的最大位移与变形呈近似线性减小的趋势，但减小率很小，平均为 0.97%，这说明充填开采矿体倾角对覆岩及地表移动与变形的影响较小。主要是因为在矿体真厚度一定时，随着矿体倾角的变大，矿体的水平厚度有所减小，这相当于减小了采空区的跨度，因而其上覆岩层的移动与变形有所减小。

2.3.4.2 覆岩及地表的岩层移动角变化规律

按照 2.1 节中的移动角确定方法得到不同矿体倾角下覆岩各水平的移动角，见表 2-9，根据表 2-9 得到移动角随覆岩厚度及其不同分析水平的变化趋势如图 2-23 所示。

表 2-9 不同矿体倾角下覆岩各水平的移动角

序号	矿体倾角/(°)	距采场直接顶板高度/m				
		0	50	100	150	200
1	45	63.25	70.48	76.18	79.56	81.72
2	60	64.96	72.13	77.62	80.85	83.15
3	75	66.70	73.82	79.00	82.41	84.65
4	90	68.00	75.55	80.88	84.30	86.75

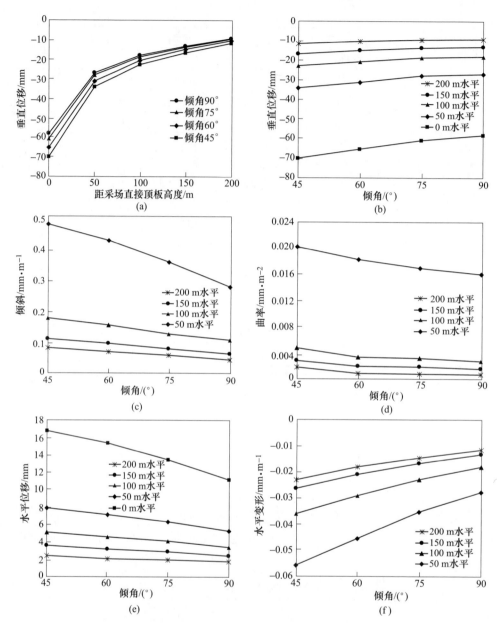

图 2-22 矿体倾角对覆岩各水平位移与变形最大值的影响规律
（a）垂直位移；（b）垂直位移；（c）倾斜；（d）曲率；（e）水平位移；（f）水平变形

　　结合图 2-23 和表 2-9 的数据可以看出，随着矿体倾角的变大，覆岩中距离采场直接顶板高度相同的各水平的移动角呈近似线性增大的趋势，但增大率很小，平均为 0.14%，这说明充填开采矿体倾角对覆岩及地表移动角的影响较小。

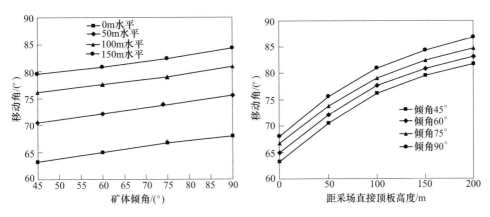

图 2-23 矿体倾角对覆岩各水平移动角的影响规律

3 典型金属矿体充填开采覆岩移动与变形相似模拟

上一章中采用 Flac3.0 数值模拟软件对几种不同的典型金属矿体充填开采覆岩及地表移动的规律进行了分析,然而金属矿山岩体是一种多相复合介质,采矿活动引起的覆岩及地表移动与变形是一个由动态到静态的极为复杂的力学过程,由于数值模拟分析金属矿充填开采覆岩及地表移动与变形规律前需要对建立的模型进行必要的假设和力学简化,因而不可避免会带来一些误差;目前数值模拟只能分析矿体开挖充或填后覆岩及地表移动的最终状态,无法模拟分析矿体开挖或充填后覆岩及地表移动与变形随着时间的变化情况。针对这一难题,相似材料模型试验提供了一种直观的解决途径。因为相似材料模型试验直接研究的不是自然现象或过程的本身(如充填开采引起的覆岩移动与变形就是开采引起的一种现象),而是直接研究发生这些现象或过程本身的模型,因而相似材料模型试验可以解决目前理论分析和数值模拟等不能解决的多种物理力学问题[134]。相似材料模型试验因其观测过程方便、直观,试验条件控制渐变,且试验周期短、可重复试验等优点,还可以作为检验理论与现场实测结果准确性的有效方法,在水利水电[135]、岩土工程[136]等领域得到了广泛的运用,尤其是在煤矿开采地表沉陷研究中更是采矿学者较常采用的一种高效研究手段[137]。相似材料模拟实验以相似理论为基础,采用一些与研究对象相似的材料,按照一定的几何比例和相似条件,在室内构建一个实际研究对象的缩放模型(即相似材料模型),以此来观测实际研究中一些难用数学描述的物理力学特性。室内构建的相似材料模型和现场实际原型的区别仅是构成系统要素的结构和特征值存在一定的比例关系,但支配模型特性的本质属性却完全一样,因而相似材料模型能够直观地展现出研究对象发生的物理现象及过程[138]。

本章根据某金属矿山地下充填开采矿岩的物理力学性质和矿体的赋存特征,通过一系列典型室内试验寻找合适的相似材料,然后按照一定的比例和相似条件,在室内构建出某一特定条件下金属矿体开采模型,分别模拟采用空场法和充填法开采矿体,观测并记录其覆岩(含地表)在不同水平的移动与变形情况、围岩的移动破坏及应力变化情况,根据相似原理,分析研究原型的覆岩及地表移动与变形规律和机理以及围岩的应力变化情况。

3.1 相似基本原理及相似条件之间的关系

3.1.1 相似基本原理

相似材料模拟实验的理论基础是相似三定理。相似三定理有很强的指导意义和实用价值，它是相似模型设计、特征条件下微分方程建立及实验观测数据处理的主要依据[139~142]。

相似第一定理。1848 年由法国人 J. Bertrand 提出并建立，即"相似的现象其相似准数的数值是相同"，或称"相似的现象其相似指标等于 1"。相似准数也称相似准则，它反映了两个相似系统之间的数量或特征关系。相似第一定理揭示了相似现象的本质，指出了两个相似现象需要在空间上和数量上具有的相互关系以及两个相似现象需要具有的特定性质。

相似第二定理。1914 年由美国人 L. Buckingham 提出并建立，设某个物理现象有 n 个物理量，其中量纲是相互独立的物理量有其 k 个，用相似准数 π_1，π_2，$\cdots$，π_k 表示这 k 个物理量，则应有 $f(\pi_1, \pi_2, \cdots, \pi_k) = 0$。因此相似第二定理也称 π 定理，它给出了两个相似物理现象中 k 个量纲相互独立的物理量之间的函数关系（即准则方程）。

相似第三定理。1930 年由苏联人 M. B. Kupnhyeb 提出并建立，即"同类物理现象，如果单值量相似，且由单值条件组成的相似准数的数值相等，则现象相似"。这里所说的单值条件是指从一群现象中，根据某一个现象的特性，把这个具体的现象从一群现象中区分出来的那些条件（如几何条件、物理条件、边界条件和初始条件等），单值条件中的物理量又称为单值量。相似第三定理的含义可理解为"由于相似现象服从同一的自然规律，因此可被完全可用相同的方程描述"，或"具有相同的准则方程，其单值条件相似，则从单值条件导出的相似准则的数值相等"。

相似第一、第二定理是以现象相似为基本前提，确定了现象相似的性质，给出了现象相似的必要条件；相似第三相似定理扩展并补充了相似第一、第二定理，明确只要单值条件和由此推导计算出来的相似判据相等，则可让现象也相似。

上述相似三定理及其相互关系，两个系统物理现象相似归纳起来主要要求几何条件、运动学条件、动力学条件、初始条件、边界条件 5 个单值条件相似。

3.1.1.1 几何条件相似

几何条件相似是指室内构建的相似材料模型与实际研究原型的几何尺寸（包括长、宽、高）比为一常数，即：

$$c_1 = \frac{l_p}{l_m} \tag{3-1}$$

式中　c_1——几何条件相似常数；

　　　l_p——实际研究原型的几何尺寸；

　　　l_m——室内构建的相似模型几何尺寸。

3.1.1.2　运动学条件相似

运动学条件相似是指室内构建的相似材料模型与实际研究原型的所有对应点的运动速度、加速度、时间以及位移的比例为一常数，即：

$$c_v = \frac{v_p}{v_m} \tag{3-2}$$

$$c_a = \frac{a_p}{a_m} \tag{3-3}$$

$$c_t = \frac{t_p}{t_m} \tag{3-4}$$

$$c_w = \frac{w_p}{w_m} \tag{3-5}$$

式中　c_v，c_a，c_t，c_w——分别为运动速度、运动加速度、运动时间和位移相似

　　　　　　　　　　　　　常数；

　　　v_p，a_p，t_p，w_p——分别为实际研究原型的所有点的运动速度、运动加速

　　　　　　　　　　　　　度、运动时间和位移；

　　　v_m，a_m，t_m，w_m——分别为室内构建的相似模型所有点的运动速度、运动

　　　　　　　　　　　　　加速度、运动时间和位移。

3.1.1.3　动力学条件相似

动力学条件相似，是指室内构建的相似材料模型与实际研究原型的受力条件相似，本书研究对象无构造应力，研究原型受力主要为重力，这主要要求模型的矿岩容重、矿岩应力以及应变相似，即：

$$c_\gamma = \frac{\gamma_p}{\gamma_m} \tag{3-6}$$

$$c_\sigma = \frac{\sigma_p}{\sigma_m} \tag{3-7}$$

$$c_\varepsilon = \frac{\varepsilon_p}{\varepsilon_m} \tag{3-8}$$

式中　c_γ，c_σ，c_ε——分别为矿岩容重、矿岩应力、矿岩应变相似常数；

γ_p , σ_p , ε_p ——分别为实际研究原型的矿岩容重、矿岩应力、矿岩应变；

γ_m , σ_m , ε_m ——分别为室内构建的相似模型矿岩容重、矿岩应力、矿岩应变。

3.1.1.4 初始条件相似

初始条件相似，是指室内构建的相似材料模型与实际研究原型的矿岩物理力学性质（包括抗拉强度、抗压强度、弹性模量、泊松比、黏聚力和内摩擦角）相似，矿岩结构面分布以及矿体倾角等相同，即：

$$c_{\sigma^t} = \frac{\sigma_p^t}{\sigma_m^t} \qquad (3-9)$$

$$c_{\sigma^c} = \frac{\sigma_p^c}{\sigma_m^c} \qquad (3-10)$$

$$c_E = \frac{E_p}{E_m} \qquad (3-11)$$

$$c_\mu = \frac{\mu_p}{\mu_m} \qquad (3-12)$$

$$c_c = \frac{C_p}{C_m} \qquad (3-13)$$

$$c_\varphi = \frac{\varphi_p}{\varphi_m} \qquad (3-14)$$

式中 c_{σ^t} , c_{σ^c} , c_E , c_μ , c_c , c_φ ——分别为矿岩抗拉强度、抗压强度、弹性模量、泊松比、黏聚力和内摩擦角相似常数；

σ_p^t , σ_p^c , E_p , μ_p , C_p , φ_p ——分别为实际研究原型的矿岩抗拉强度、抗压强度、弹性模量、泊松比、黏聚力和内摩擦角；

σ_m^t , σ_m^c , E_m , μ_m , C_m , φ_m ——分别为室内构建的相似模型矿岩的抗拉强度、抗压强度、弹性模量、泊松比、黏聚力和内摩擦角。

3.1.1.5 边界条件相似

边界条件相似指的是指室内构建的相似材料模型与实际研究原型的在边界上的约束，环境的温度、湿度等因素一致。

综上所述，相似材料模拟试验要求保证室内构建相似材料模型与现场实际模型在几何尺寸、质点运动状态与受力情况以及初始条件和边界条件等单值因素均相似，在进行相似材料模拟试验时采用的相似材料的力学性能应尽可能满足上述相似条件。然后金属矿地下开采覆岩及地表的移动与变形是一个复杂的由动态到静态的力学作用过程，涉及的影响因素较多，难以做到让所有影响因素都完全保持相似，而且工程实践也证明没有这个必要。根据水利水电、土木工程及煤矿开采相似材料模拟实践经验，本书金属矿充填开采覆岩及地表移动与变形相似材料模拟研究主要考虑模型的几何尺寸，矿岩弹性模量、容重、抗拉强度、抗压强度、黏聚力，边界约束条件等主要影响因素。

3.1.2　相似条件之间的关系

（1）应力、容重和几何相似比之间的关系。

根据弹性理论可知相似材料模型研究问题属于平面应力问题，即现场实际模型的平衡微分方程为：

$$\begin{cases} \left(\dfrac{\partial \sigma_x}{\partial x}\right)_{\text{p}} + \left(\dfrac{\partial \tau_{yx}}{\partial y}\right)_{\text{p}} + (f_x)_{\text{p}} = 0 \\[3mm] \left(\dfrac{\partial \sigma_y}{\partial y}\right)_{\text{p}} + \left(\dfrac{\partial \tau_{xy}}{\partial x}\right)_{\text{p}} + (f_y)_{\text{p}} = 0 \end{cases} \tag{3-15}$$

式中　　$(f_x)_{\text{p}}$，$(f_y)_{\text{p}}$——分别为现场实际模型 x 方向、y 方向上的体力（本书指容重）。

室内构建的相似模型的平衡微分方程为：

$$\begin{cases} \left(\dfrac{\partial \sigma_x}{\partial x}\right)_{\text{m}} + \left(\dfrac{\partial \tau_{yx}}{\partial y}\right)_{\text{m}} + (f_x)_{\text{m}} = 0 \\[3mm] \left(\dfrac{\partial \sigma_y}{\partial y}\right)_{\text{m}} + \left(\dfrac{\partial \tau_{xy}}{\partial x}\right)_{\text{m}} + (f_y)_{\text{m}} = 0 \end{cases} \tag{3-16}$$

式中　　$(f_x)_{\text{m}}$，$(f_y)_{\text{m}}$——分别为室内构建的相似材料模型 x 方向、y 方向上的体力。

将式（3-1）、式（3-6）和式（3-7）代入式（3-15），有：

$$\begin{cases} \left(\dfrac{\partial \sigma_x}{\partial x}\right)_{\text{m}} + \left(\dfrac{\partial \tau_{yx}}{\partial y}\right)_{\text{m}} + \dfrac{c_l c_\gamma}{c_\sigma}(f_x)_{\text{m}} = 0 \\[3mm] \left(\dfrac{\partial \sigma_y}{\partial y}\right)_{\text{m}} + \left(\dfrac{\partial \tau_{xy}}{\partial x}\right)_{\text{m}} + \dfrac{c_l c_\gamma}{c_\sigma}(f_y)_{\text{m}} = 0 \end{cases} \tag{3-17}$$

对比式（3-16）和式（3-17）可知：

$$c_\sigma = c_l c_\gamma \tag{3-18}$$

（2）应变、位移和几何相似比之间的关系。现场实际模型的几何微分方程为：

$$\begin{cases} (\varepsilon_x)_p = \left(\dfrac{\partial \mu}{\partial x}\right)_p \\[3mm] (\varepsilon_y)_p = \left(\dfrac{\partial v}{\partial y}\right)_p \\[3mm] (\gamma_{xy})_p = \left(\dfrac{\partial \mu}{\partial y}\right)_p + \left(\dfrac{\partial v}{\partial x}\right)_p \end{cases} \tag{3-19}$$

室内构建的相似模型几何微分方程为:

$$\begin{cases} (\varepsilon_x)_m = \left(\dfrac{\partial \mu}{\partial x}\right)_m \\[3mm] (\varepsilon_y)_m = \left(\dfrac{\partial v}{\partial y}\right)_m \\[3mm] (\gamma_{xy})_m = \left(\dfrac{\partial \mu}{\partial y}\right)_m + \left(\dfrac{\partial v}{\partial x}\right)_m \end{cases} \tag{3-20}$$

将式 (3-1)、式 (3-5) 和式 (3-8) 代入式 (3-19),有:

$$\begin{cases} (\varepsilon_x)_m = \dfrac{c_w}{c_\varepsilon c_l}\left(\dfrac{\partial \mu}{\partial x}\right)_m \\[3mm] (\varepsilon_y)_m = \dfrac{c_w}{c_\varepsilon c_l}\left(\dfrac{\partial v}{\partial y}\right)_m \\[3mm] (\gamma_{xy})_m = \dfrac{c_w}{c_\varepsilon c_l}\left\{\left(\dfrac{\partial \mu}{\partial y}\right)_m + \left(\dfrac{\partial v}{\partial x}\right)_m\right\} \end{cases} \tag{3-21}$$

对比式 (3-20) 和式 (3-21) 可知:

$$c_w = c_\varepsilon c_l \tag{3-22}$$

(3) 应力、应变、弹性模量相似比之间的关系。

现场实际模型的物理方程为:

$$\begin{cases} (\omega_x)_p = \dfrac{1}{E_p}(\sigma_x - \mu\sigma_y)_p \\[3mm] (\omega_y)_p = \dfrac{1}{E_p}(\sigma_y - \mu\sigma_x)_p \\[3mm] (\gamma_{xy})_p = \left[\dfrac{2(1+\mu)}{E}\tau_{xy}\right]_p \end{cases} \tag{3-23}$$

室内构建的相似材料模型的物理方程为:

$$\begin{cases} (\omega_x)_m = \dfrac{1}{E_m}(\sigma_x - \mu\sigma_y)_m \\[3mm] (\omega_y)_m = \dfrac{1}{E_m}(\sigma_y - \mu\sigma_x)_m \\[3mm] (\gamma_{xy})_m = \left[\dfrac{2(1+\mu)}{E}\tau_{xy}\right]_m \end{cases} \tag{3-24}$$

将式（3-7）、式（3-8）和式（3-11）代入式（3-23），有：

$$\begin{cases} (\omega_x)_m = \dfrac{c_\sigma}{c_\varepsilon c_E}\dfrac{1}{E_m}(\sigma_x - \mu\sigma_y)_m \\[3mm] (\omega_y)_m = \dfrac{c_\sigma}{c_\varepsilon c_E}\dfrac{1}{E_m}(\sigma_y - \mu\sigma_x)_m \\[3mm] (\gamma_{xy})_m = \dfrac{c_\sigma}{c_\varepsilon c_E}\left[\dfrac{2(1+\mu)}{E}\tau_{xy}\right]_m \end{cases} \tag{3-25}$$

对比式（3-24）和式（3-25）可知：

$$c_\sigma = c_\varepsilon c_E \tag{3-26}$$

（4）运动时间与几何相似常数之间的关系。

根据牛顿定律，位移 $w = \dfrac{1}{2}at^2$（a 为加速度，t 为运动时间），可知运动时间与几何相似常数之间的关系为：

$$c_t = \sqrt{c_l} \tag{3-27}$$

（5）构建相似模型材料的抗拉强度、抗压强度、弹性模型、黏聚力与实际研究原型矿岩的抗拉强度、抗压强度、弹性模量、黏聚力之间的关系。

根据式（3-9）~式（3-11）和式（3-17）、式（3-25）可知：

$$\begin{cases} \sigma_m^t = \dfrac{\sigma_p^t}{c_l c_\gamma} \\[3mm] \sigma_m^c = \dfrac{\sigma_p^c}{c_l c_\gamma} \\[3mm] E_m = \dfrac{E_p}{c_l c_\gamma} \\[3mm] c_m = \dfrac{c_p}{c_l c_\gamma} \end{cases} \tag{3-28}$$

（6）构建相似模型材料的无量纲物理量（如应变、内摩擦角、泊松比等）与的实际研究原型矿岩的无量纲物理量之间的关系。

根据相似准则的推导可知：

$$c_\varepsilon = c_\varphi = c_\mu = 1 \tag{3-29}$$

3.2 相似材料配比实验

相似材料配比实验的目的是测定不同配比试块的物理力学性质（如密度、抗压强度、抗拉强度、黏结力、内摩擦角等），以寻找最大限度满足相似原理要求材料的最佳配比。

3.2.1 制作相似材料的原料选择

相似模型试验结果的准确性很大程度上取决于模型材料的物理力学性质与研究原型矿岩的物理力学性质的相似程度，因此相似材料的选择非常重要。在进行相似材料模型模拟实验时，相似模型的材料不仅要满足与研究原型矿岩的主要物理力学参数方面要具有较好的相似性，而且还要保证在实验期间其物理力学性质稳定，不受外界因素数的影响或者受外界因素数的影响很小。因而制作相似材料的原料一般需要满足以下条件：

（1）物理力学性质比较稳定，其物理力学参数不随外界温度、湿度的变化发生较大的变化；

（2）获取容易、制作方便、成型容易，且成型后的模型不会出现较大的收缩或膨胀变形；

（3）具有较高的容重以满足和原型容重相似的要求；

（4）成型后模型材料进行破坏试验时与原型材料破坏特性相似；

（5）原料的来源经济易行。

根据上述原则，显然仅选择一种原料制作满足这些要求的相似材料难以实现，本书根据某矿山矿岩的物理力学性质（表 2-1）和其他研究的类似实验经验，选用石英砂和重晶石粉作为骨料，石膏和水泥作为胶凝剂来制作相似材料。

3.2.2 相似材料配比实验及结果

3.2.2.1 相似材料配比初选

A 实验方案

首先采用均匀试验方案对相似材料配比进行初选，根据所选择原料的种类，均匀试验方案初选选用 $U_{13}(13^4)$ 均匀设计表（第 4 列为空列），其配比实验方案见表 3-1。

表 3-1　相似材料配比初选均匀实验方案

序号	砂胶比	石膏/水泥	重晶石粉/砂子	备注
A-1	20	1.00	4.00	
A-2	25	2.25	1.50	
A-3	30	0.00	6.00	
A-4	35	1.25	3.50	
A-5	40	2.50	1.00	
A-6	45	0.25	5.50	加水量
A-7	50	1.50	3.00	为干料重
A-8	55	2.75	0.50	量的 15%
A-9	60	0.50	5.00	
A-10	65	1.75	2.50	
A-11	70	3.00	0.00	
A-12	75	0.75	4.50	
A-13	80	2.00	2.00	

B　相似材料试块制作与养护

按照设计的试验方案，进行室内相似材料试块制作，以完成相似材料物理力学参数的测量，每种方案至少需要制作 6 个试件，本组试验一共制作了 78 个试样，主要用到的实验仪器有：70.07mm×70.07mm×70.07mm 标准三联试模 26 套，电子天平秤 2 台（3kg×0.01g，15kg×0.1g 量程各 1 台），500mL、1000mL、50mL 和 20mL 量杯或量筒各 2 只，干湿温度计 1 只，养护箱 1 台。相似模型材料试块的制作、养护流程如图 3-1 所示。

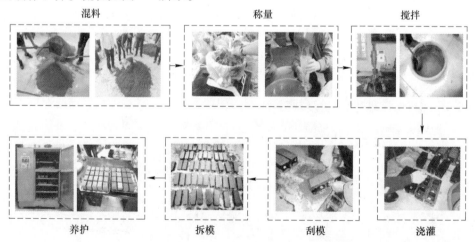

图 3-1　相似材料试块的制作、养护流程

C 相似材料物理力学性质的测定

相似材料试块在标准养护箱内（养护箱温度 20℃、湿度 90%）养护 28 天后，测定其物理力学参数。

（1）容重。每组试块在进行抗拉、抗压强度实验前，利用电子秤称量每组试块的总重量，再根据其体积计算平均容重。

（2）抗拉、抗压强度及弹性模量。相似材料试块的抗拉、抗压强度及弹性模量采用 WDW-2000 万能压力测试机测定，测试过程分别如图 3-2 和图 3-3 所示。

图 3-2 试块抗压强度测试

图 3-3 试块抗拉试验测试

（3）黏结力和内摩擦角。根据上一步测定的相似材料试块的抗拉、抗压强度，采用直线型的摩尔强度曲线（图 3-4）求定其黏结力和内摩擦角。图 3-4 所示直线型的摩尔强度曲线与 σ 轴的夹角为内摩擦角 Φ_m，与 τ 轴的截距为黏结力

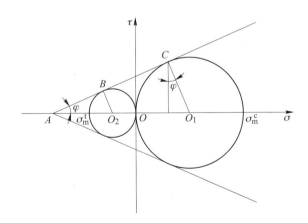

图 3-4 摩尔圆及黏结力与内摩擦角

C_m，其计算公式分别如下：

$$\varphi_m = \arcsin \frac{\sigma_m^c - \sigma_m^t}{\sigma_m^c + \sigma_m^t} \tag{3-30}$$

$$C_m = \sigma_m^t (\tan\varphi_m + \frac{1}{\cos\varphi_m}) \tag{3-31}$$

D　初选实验结果与分析

相似材料配比初选的均匀试验结果见表 3-2，采用 SPSS（Statistical Product and Service Solutions）对试块不同配比参数与其物理力学指标的相关性进行分析，

表 3-2　相似材料配比初选均匀试验结果

序号	密度 /$kg \cdot m^{-3}$	抗拉强度 /kPa	抗压强度 /kPa	弹性模量 /MPa	黏聚力 /kPa	内摩擦角 /(°)
A-1	2398	50.02	412.50	126.31	143.64	51.6
A-2	2130	38.58	291.54	105.25	106.06	50.0
A-3	2513	31.43	281.60	114.06	94.08	53.1
A-4	2379	20.66	169.52	77.03	59.18	51.5
A-5	2009	17.73	132.71	67.66	48.50	49.9
A-6	2489	15.27	135.10	77.27	45.42	52.9
A-7	2347	11.62	92.77	55.00	32.83	51.1
A-8	1791	11.65	85.02	56.55	31.47	49.4
A-9	2468	10.65	91.22	68.07	31.17	52.3
A-10	2302	6.73	59.03	51.07	19.93	52.7
A-11	1713	5.70	40.79	38.31	15.24	49.0
A-12	2447	5.19	43.76	46.11	15.07	52.0
A-13	2240	4.68	36.11	42.68	13.00	50.4

表 3-3　不同配比参数试块与其物理力学指标的皮尔森相关系数 r

参数 x ＼ 指标 y	密度	抗拉强度	抗压强度	弹性模量	黏聚力	内摩擦角
砂胶比	0.611*	-0.601*	-0.816*	-0.732*	-0.769*	-0.123
石膏/水泥	-0.346	-0.337	-0.469	-0.337	-0.399	-0.546*
重晶石粉/砂子	0.687*	0.192	-0.353	0.192	-0.058	0.214

注：1. * 表示在 0.05 水平（双侧）上显著相关。

　　2. $|r| < 0.3$ 表示 x 与 y 弱相关，$0.3 < |r| < 0.5$ 表示 x 与 y 低度相关，$0.5 < |r| < 0.8$ 表示 x 与 y 显著相关，$0.8 < |r| < 1$ 表示 x 与 y 高度相关。

　　3. 当 $r > 0$ 表示 x 与 y 为正相关，$r < 0$ 表示 x 与 y 负相关，当 $|r| = 0$ 表示 x 与 y 为不相关。

经分析得到的各指标皮尔森相关系数 r 见表3-3，从表中可以看出：

（1）砂胶比、重晶石粉与砂子比对相似材料密度的皮尔森相关性系数分别为0.611、0.687，在0.05（双侧）水平上呈显著正相关，即增大砂胶比和重晶石粉与砂子比，相似材料的密度可明显增加；但石膏与水泥比对相似材料密度的皮尔森相关性系数为-0.346，呈负低相关，即增加石膏与水泥比可以适当减小相似材料的密度。

（2）砂胶比对相似材料弹性模量、黏聚力和抗拉强度的皮尔森相关性系数分别-0.732、-0.769、-0.601，在0.05（双侧）水平上呈显著负相关，且砂胶比对相似材料抗压强度的皮尔森相关性系数为-0.816，在0.05（双侧）水平上呈高度负相关。这表明减小砂胶比可以明显提高相似材料的抗压强度、抗拉强度、弹性模量和黏聚力，石膏与水泥比对相似材料抗压强度、抗拉强度、弹性模量和黏聚力的皮尔森相关性系数为-0.346~-0.469，呈负低相关，重晶石粉与砂子比对相似材料抗压强度、抗拉强度、弹性模量和黏聚力的皮尔森相关性系数较小，即要适当减小相似材料的抗压强度、抗拉强度、弹性模量和黏聚力，可增加石膏与水泥比，而重晶石粉与砂子比则对相似材料的抗压强度、抗拉强度、弹性模量和黏聚力影响较小。

（3）石膏与水泥比对相似材料内摩擦角的皮尔森相关性系数为-0.546，在0.05（双侧）水平上呈显著负相关，即减小石膏与水泥比可增大相似材料的内摩擦角，但砂胶比、重晶石粉与砂子比对相似材料内摩擦角的影响不大。

3.2.2.2　相似材料配比扩大选择

通过相似材料配比初选及对实验结果的分析，大体确定了不同配比参数对相似材料试块各物理力学参数指标影响作用的大小和趋势，为了更进一步确定相似材料的准确配比，在均匀实验结果的基础上再进行了扩大实验，扩大实验方案见表3-4，扩大实验结果见表3-5。从表3-5中可以看出，扩大实验结果与初选实验结果的变化趋势相一致，扩大实验结果进一步缩小了相似材料配比选择的范围。

表3-4　相似材料配比选择扩大实验方案

序号	砂胶比	石膏/水泥	重晶石粉/砂子	备注
B-1	55	3.00	1.50	
B-2	55	3.00	2.00	
B-3	55	3.00	2.50	加水量为干料重量的15%
B-4	55	3.00	1.50	
B-5	60	3.00	2.00	
B-6	60	3.00	2.50	
B-7	60	3.00	1.50	

续表 3-4

序号	砂胶比	石膏/水泥	重晶石粉/砂子	备注
B-8	60	3.00	2.00	加水量为干料重量的15%
B-9	65	3.00	2.50	
B-10	65	3.00	1.50	
B-11	65	3.00	2.00	
B-12	65	3.00	2.50	

表 3-5　相似材料配比选择扩大试验结果

序号	密度 /kg·m⁻³	抗拉强度 /kPa	抗压强度 /kPa	弹性模量 /MPa	黏聚力 /kPa	内摩擦角 /(°)
B-1	2144	22.96	179.66	76.57	64.22	50.7
B-2	2233	20.48	165.09	70.36	58.14	51.2
B-3	2296	18.50	145.67	62.09	51.91	50.8
B-4	2144	21.32	156.22	72.07	57.71	49.5
B-5	2234	18.68	143.56	66.22	51.79	50.4
B-6	2297	17.42	126.69	58.37	46.97	49.3
B-7	2146	13.90	111.82	62.94	39.42	51.2
B-8	2234	12.37	102.76	57.84	35.65	51.8
B-9	2299	11.24	90.37	51.03	31.87	51.2
B-10	2147	13.20	97.24	59.24	35.83	49.6
B-11	2235	11.13	89.35	54.44	31.54	51.1
B-12	2299	9.70	78.84	48.03	27.66	51.4

3.3　相似材料模型模拟实验

3.3.1　实验设备与监测元件

（1）实验设备。相似模型试验采用长春试验机研究所研制的双向加载岩体开挖模拟试验系统，该试验系统包括模型试验主机、伺服加载控制系统和数据测量与分析系统，其中模型试验主机试验平台的最大尺寸为 2.0m×0.3m×1.2m（长×宽×高）。

（2）监测元件。相似模型试验采集的数据主要是覆岩的位移，采用千分表进行位移数据的采集。

3.3.2　相似材料模型及其材料参数

根据实验设备模型试验主机试验平台的尺寸，室内构建的相似模型的尺寸为拟定为 2.0m×0.3m×1.2m（长×宽×高）。考虑到几何相似比越大，实际原型比例越大，相似模型观测误差越大；同时覆岩厚度越大，距离地表越近的岩层变形越小，相似模型的观测误差也会增大，因此，确定相似模拟实验的实际原型高度为300m，其中覆岩厚度为100m，根据相似原理，得几何相似比为250∶1。

根据确定的几何相似比，综合相似材料配比实验结果（表3-2和表3-5），容重比相似比拟顶为1.2∶1，则应力（包括抗拉强度、抗压强度、弹性模量及黏聚力之间）相似比为300∶1、时间相似比为15.81∶1。实际原型各岩层选取的相似材料及其力学性能参数见表3-6。

表 3-6　相似模型采用的相似材料及其力学参数

名称	配比号	密度 /kg·m⁻³	抗拉强度 /kPa	抗压强度 /kPa	弹性模量 /MPa	黏聚力 /kPa	内摩擦角 /(°)
顶板	A-10	2302	6.73	59.03	51.07	19.93	52.71
矿体	B-9	2299	11.24	90.37	51.03	31.87	51.18
底板	B-6	2297	17.42	126.69	58.37	46.97	49.34
充填体 (1∶8)	细沙、石膏 和锯末	1571	—	11.22	0.84	—	—

为了方便相似模型的制作，相似模型中矿体的倾角取为60°。同时为了对比金属矿山充填开采于传统空场法开采覆岩移动与变形的规律的差异，相似模拟实验制作了两个相同的模型，分别模拟充填法开采和空场法覆岩移动与变形的规律。

按照上述的模型设计方案，清洁试验平台，在模板内侧预先均匀涂一层油，以防止拆模时模板粘接材料损坏模型，然在模型内预定位置放置特制隔板，配备好不同岩层对应的相似材料，分层（分层高度为0.2m）浇筑模型，每层浇筑完成后均需要捣实、抹平以避免模型中出现气泡。经养护、拆模后的相似模型如图3-5所示。

图 3-5　浇筑好的相似模型

3.3.3 相似材料模型实验监测方案

3.3.3.1 监测点的布置

为了充分对比典型金属矿体充填法开采与空场法开采覆岩移动与变形的差异，每个相似模型覆岩位移监测点均布置了三条监测线，每条检测线上设 12 个观测点，一共设置了 36 个位移观测点（图 3-6）。由于开采主要引起矿体上盘移动与变形，因此观测点主要布置于矿体上盘。

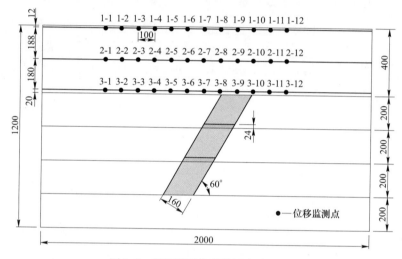

图 3-6　相似模型位移监测点布置图

3.3.3.2 测量方案

两个相似模型中矿体开挖前，均应对所有覆岩位移监测点进行初始测量。两个相似模型均从上至下分三个中段进行开采（或开采+充填），每个模型开采过程中一共进行 8 次（含初始测量）测量，测量方案见表 3-7。需要说明的是，开采过程中每次的测量数据均应减去初始测量值。

表 3-7　空场法和充填法开采相似模型试验测量方案

测量次数	测量时间	测量时段名称	监测对象
第 0 次	第 0 天	开挖前	所有测点
第 1 次	第 1 天	第一中段开挖（充填）后	第 1 行
第 2 次	第 2 天	第二中段开挖（充填）后	第 1、2 行
第 3 次	第 3 天	第三中段开挖（充填）后	第 1、2、3 行
第 4 次	第 7 天	第三中段开挖（充填）后第 4 天	第 1、2、3 行

测量次数	测量时间	测量时段名称	监测对象
第 5 次	第 15 天	第三中段开挖（充填）后第 12 天	第 1、2、3 行
第 6 次	第 45 天	第三中段开挖（充填）后第 42 天	第 1、2、3 行
第 7 次	第 75 天	第三中段开挖（充填）后第 72 天	第 1、2、3 行

3.3.4　相似材料模型实验模拟过程及其结果

3.3.4.1　相似材料模型模拟开采过程

空场法采用从上至下的顺序分三个中段对矿体进行模拟开采，如图 3-7 所示。充填法同样也采用从上至下的顺序分三个中段对矿体进行模拟开采并充填（充填率按 100%考虑），如图 3-8 所示。矿体采用空场法或充填法模拟开采或开采充填后，按照表 3-7 中的测量方案测量并记录测量结果。

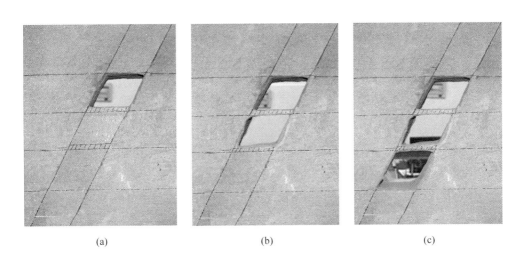

(a)　　　　　　　　　　(b)　　　　　　　　　　(c)

图 3-7　空场法相似材料模型实验模拟开采过程
（a）第一中段开挖；（b）第二中段开挖；（c）第三中段开挖

3.3.4.2　覆岩及地表下沉测量结果与分析

本节仅对空场法和充填法相似材料模型实验模拟开采过程中覆岩及地表垂直位移（即下沉）规律进行分析，围岩应力的变化规律分析见第 5 章。空场法和充填法相似材料模型模拟开采过程中各测点的垂直位移测量结果分别见表 3-8 与表 3-9。

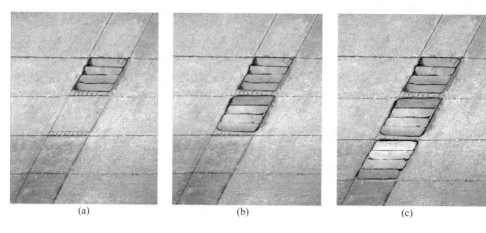

(a)　　　　　　　　　　　(b)　　　　　　　　　　　(c)

图 3-8　充填法相似材料模型实验模拟开采过程
（a）第一中段开挖充填；（b）第二中段开挖充填；（c）第三中段开挖充填

A　开采过程中覆岩及地表下沉规律分析

根据表 3-8 与表 3-9 的测量结果得到空场法与充填法三个中段相似材料模型开采或开采充填过程中三条测线各测点的 7 次测量结果的变化趋势如图 3-9 所示。

从图 3-9 可以看出，与空场法开采相比，充填法开采三条测线 7 次测量的最大下沉量均较大程度地减小。从前三次测量结果可以看出，充填法开采上盘三个测量水平出现明显下沉量的范围较空场法缩小，这表明相对于空场法开采，充填法开采可以缩小覆岩及地表的移动范围，增大岩层的移动角，这与第 2 章数值分析结果相符。随着各中段的开采和测量时间的延长，充填法开采采场直接顶板的最大位移仅为空场法的 66.67%～39.52%，覆岩中间水平的最大位移仅为空场法的 50.85%～34.39%，地表的最大位移仅为空场法的 43.26%～32.50%，这表明相对于空场法开采，覆岩中某一水平距离采场直接顶板高度越大，充填法的减沉效果越明显，岩层的移动角也会越大，这也与第 2 章数值分析结果相符。

B　覆岩不同水平下沉规律分析

空场法和充填法相似材料模型模拟开采或开采充填过程中覆岩不同水平下沉的变化规律如图 3-10 所示。

从图 3-10 的第一行测量数据可以看出，随着中段从上至下陆续开采，空场法和充填法上盘移动范围逐渐增大，采场直接顶板的最大位移点逐渐向上盘方向移动。对比三行测量数据图可以看出，随着时间的推移，覆岩不同水平每次测量位移增加的幅度不同，覆岩下部每次测量位移增加的幅度较小，覆岩上部每次

表3-8 空场法相似材料模型模拟开采垂直位移测点测量结果

测量对象	测量次数	测量时间	1	2	3	4	5	6	7	8	9	10	11	12
								测 点 号						
第1行	第3次	第3天	-2.50	-3.25	-4.00	-4.50	-4.75	-5.00	-4.00	-3.75	-3.50	-2.75	-2.50	-2.00
	第4次	第7天	-5.25	-6.00	-7.25	-9.25	-11.00	-12.50	-11.25	-9.25	-6.50	-5.00	-4.00	-3.75
	第5次	第15天	-7.50	-9.25	-11.25	-16.75	-18.50	-19.00	-18.00	-14.50	-9.75	-7.00	-5.75	-5.50
	第6次	第45天	-10.00	-11.25	-17.50	-23.25	-25.25	-25.50	-22.50	-16.00	-11.00	-9.00	-6.75	-6.25
	第7次	第75天	-11.25	-13.50	-22.50	-25.25	-28.50	-29.25	-27.25	-19.00	-12.25	-11.50	-7.75	-6.75
第2行	第2次	第2天	-4.25	-5.00	-5.50	-8.00	-9.75	-14.75	-17.25	-16.00	-14.00	-10.25	-4.50	-3.00
	第3次	第3天	-6.00	-6.75	-7.50	-11.00	-18.50	-23.50	-25.25	-24.50	-20.50	-13.50	-5.75	-3.50
	第4次	第7天	-7.00	-7.75	-8.50	-15.00	-28.50	-30.75	-31.00	-30.25	-24.25	-16.50	-6.25	-3.75
	第5次	第15天	-7.50	-8.50	-10.25	-23.00	-32.25	-34.00	-35.75	-34.25	-26.00	-17.50	-7.25	-4.00
	第6次	第45天	-7.75	-9.50	-13.75	-31.00	-37.00	-39.75	-41.50	-38.25	-28.00	-19.25	-7.50	-4.25
	第7次	第75天	-8.00	-11.00	-16.25	-32.00	-38.75	-42.00	-44.00	-40.50	-29.25	-21.25	-8.00	-4.25
第3行	第1次	第1天	0.00	0.00	0.00	0.00	-4.25	-11.00	-18.25	-30.25	-33.25	-25.75	-6.75	-2.00
	第2次	第2天	0.00	0.00	-2.25	-7.25	-16.50	-37.00	-45.50	-40.25	-34.25	-29.00	-7.00	-2.00
	第3次	第3天	-4.25	-5.25	-8.00	-15.75	-31.00	-56.50	-65.25	-56.75	-36.25	-30.75	-8.75	-2.25
	第4次	第7天	-4.50	-6.75	-9.00	-20.50	-37.50	-63.25	-74.00	-61.00	-39.00	-33.50	-10.25	-2.50
	第5次	第15天	-4.75	-7.25	-11.25	-24.75	-43.75	-68.00	-78.00	-62.50	-41.00	-36.75	-11.50	-2.75
	第6次	第45天	-5.25	-7.50	-16.00	-29.75	-48.00	-79.00	-85.25	-70.25	-45.00	-37.75	-14.25	-2.75
	第7次	第75天	-5.50	-11.50	-18.75	-35.75	-50.75	-83.50	-88.50	-75.50	-47.50	-40.75	-15.75	-2.75

表3-9 充填法相似材料模型模拟开采垂直位移测点的测量结果

测量对象	测量次数	测量时间	测点号											
			1	2	3	4	5	6	7	8	9	10	11	12
第1行	第3次	第3天	-0.50	-0.50	-0.75	-1.50	-2.00	-2.25	-2.00	-1.50	-1.00	-1.00	-1.00	-1.00
	第4次	第7天	-1.75	-2.00	-3.00	-3.25	-4.25	-4.50	-4.25	-3.50	-3.25	-2.75	-2.50	-2.00
	第5次	第15天	-4.00	-4.25	-5.25	-6.00	-6.25	-6.75	-6.25	-5.50	-4.50	-4.00	-3.75	-2.50
	第6次	第45天	-5.00	-5.75	-7.50	-8.50	-8.75	-8.75	-7.75	-7.00	-6.00	-5.25	-4.50	-2.75
	第7次	第75天	-5.25	-6.25	-8.50	-9.25	-9.50	-9.75	-8.50	-8.00	-6.50	-5.50	-4.75	-2.75
第2行	第2次	第2天	0.00	0.00	-1.50	-3.00	-6.00	-7.25	-8.75	-8.50	-8.00	-6.50	-4.50	-1.75
	第3次	第3天	-2.50	-3.50	-4.50	-7.25	-8.75	-10.25	-10.75	-9.75	-8.75	-7.50	-4.75	-2.00
	第4次	第7天	-2.75	-4.00	-5.00	-9.00	-10.75	-11.75	-12.25	-11.50	-9.25	-7.75	-5.25	-2.25
	第5次	第15天	-2.75	-4.50	-6.00	-11.25	-11.50	-13.50	-14.00	-13.50	-11.25	-8.75	-5.50	-2.25
	第6次	第45天	-3.75	-5.25	-7.50	-12.00	-12.50	-14.75	-15.25	-14.00	-11.50	-9.50	-6.50	-3.00
	第7次	第75天	-3.75	-5.25	-7.50	-12.00	-12.50	-14.75	-15.25	-14.00	-11.50	-9.50	-6.50	-3.00
第3行	第1次	第1天	0.00	0.00	0.00	0.00	-1.50	-5.25	-12.25	-15.50	-22.25	-20.50	-6.75	-1.00
	第2次	第2天	0.00	0.00	-0.75	-7.25	-16.50	-24.75	-29.50	-28.00	-23.00	-21.00	-7.00	-1.50
	第3次	第3天	-2.00	-4.25	-6.25	-11.75	-19.00	-30.00	-32.25	-30.25	-24.50	-21.50	-7.75	-1.50
	第4次	第7天	-2.00	-5.75	-7.50	-12.50	-23.50	-31.00	-32.75	-31.75	-25.75	-21.75	-8.25	-1.50
	第5次	第15天	-2.25	-6.75	-8.25	-13.25	-26.00	-33.50	-34.00	-33.00	-26.75	-22.25	-8.75	-1.50
	第6次	第45天	-2.50	-7.50	-9.75	-15.25	-27.25	-34.00	-36.50	-33.75	-29.00	-23.00	-8.75	-1.75
	第7次	第75天	-2.50	-7.50	-10.00	-15.25	-27.25	-34.00	-36.50	-33.75	-29.00	-23.00	-8.75	-1.75

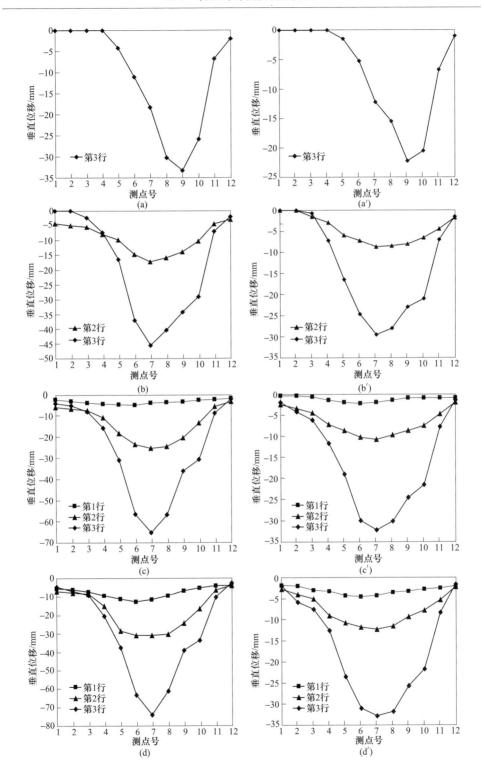

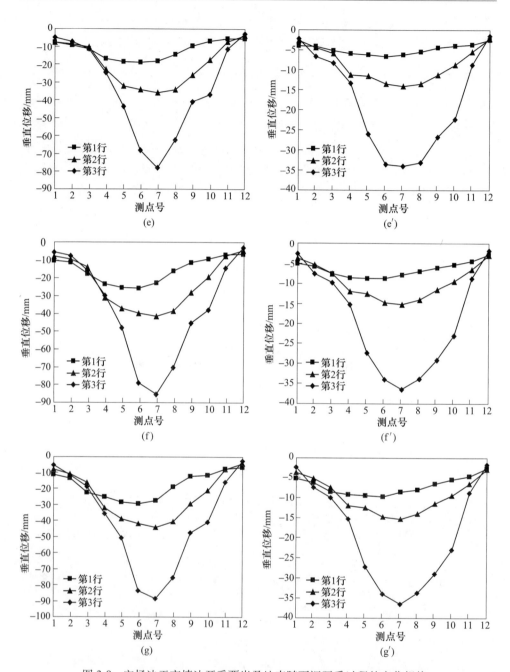

图 3-9　空场法于充填法开采覆岩及地表随下沉开采过程的变化规律

（a）空场法第 1 次测量；（a′）充填法第 1 次测量；（b）空场法第 2 次测量；（b′）充填法第 2 次测量；

（c）空场法第 3 次测量；（c′）充填法第 3 次测量；（d）空场法第 4 次测量；（d′）充填法第 4 次测量；

（e）空场法第 5 次测量；（e′）充填法第 5 次测量；（f）空场法第 6 次测量；（f′）充填法第 6 次测量；

（g）空场法第 7 次测量；（g′）充填法第 7 次测量

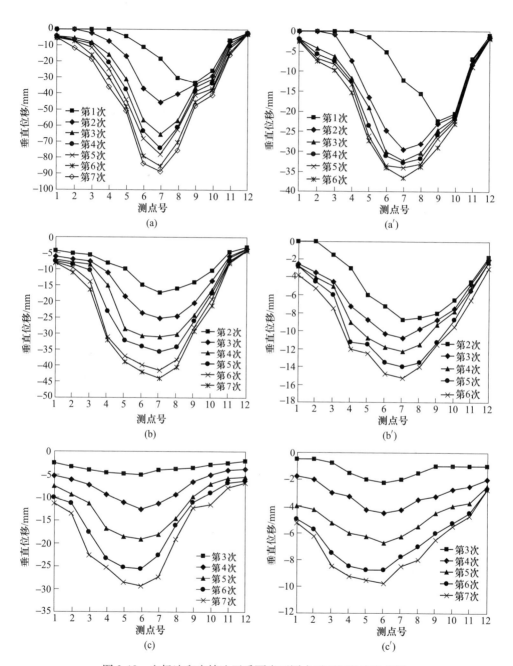

图 3-10 空场法和充填法开采覆岩不同水平下沉的变化规律

(a) 空场法第 1 行测量；（a′）充填法第 1 行测量；

(b) 空场法第 2 行测量；（b′）充填法第 2 行测量；

(c) 空场法第 3 行测量；（c′）充填法第 3 行测量

位移增加的幅度较大，说明无论是空场法开采还是充填法开采诱发的覆岩移动从下部传至上部需要一定时间，同时空场法开采采场直接顶板位移的增大了19.48%倍，覆岩中间水平的最大位移增大了74.64%，地表的最大位移增大了492.54%；充填法开采采场直接顶板位移增大了8.70%，覆岩中间水平的最大位移增大了42.07%，地表的最大位移增大了345.04%。表明覆岩中某一水平距离采场直接顶板高度越大，随着时间推移空场法和充填法开采覆岩最大位移增大的幅度均越小，且充填法开采覆岩各水平位移的增大幅度均明显小于空场法。

C　不同时段覆岩及地表下沉规律分析

为了分析充填法和空场法开采不同时段覆岩及地表下沉规律，这里取三行测量数据中每行的最大位移点的位移随时间的变化趋势进行分析，空场法和充填法开采覆岩及地表不同时段下沉的变化规律如图 3-11 所示。

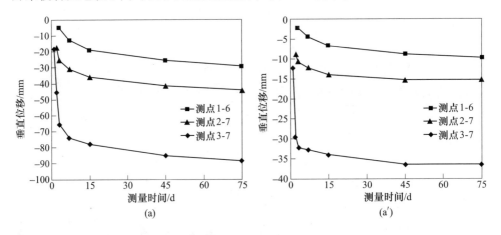

图 3-11　空场法和充填法开采覆岩及地表不同时段下沉的变化规律
(a) 空场法；(a′) 充填法

从图 3-11 可以看出，随着时间的推移，空场法和充填法开采覆岩位移增加的幅度均逐渐减小，且覆岩上部移动趋于稳定的时间较下部较长，这也说明开采诱发的覆岩移动从下部传至上部需要一定时间；同时随着时间推移，填法开采覆岩的位移逐渐趋于一稳定值，空场法开采覆岩的位移增加幅度虽然逐渐减小，但并没有趋于稳定不变，这主要是因为空场法开采空区由于长期暴露，空区围岩受到风化、爆破震动等因素的破坏作用，导致覆岩位移进一步增加，而充填法开采空区由于被充填体所充填，限制了围岩的风化破坏并产生移动，覆岩移动最终趋于一个稳定值。

4 典型金属矿体充填开采
覆岩移动与变形机理

━━━

　　根据前文数值模拟和相似材料模型模拟结果可以知道，金属矿充填开采空区由于充填体的支撑作用，覆岩的破坏被限制在空区上方的一定空间范围内，大大减少了覆岩的破坏范围和破坏程度，空区直接顶板的位移较空场法开采小很多，覆岩及地表的移动与变形机理及规律发生了明显变化，而导致传统煤矿开采中基于垮落法的覆岩及地表移动与变形分析理论在金属矿充填开采中的应用受到限制。本章在分析金属矿充填开采中充填体控制覆岩移动与变形机理的基础上，根据其覆岩及地表移动的特点，基于弹性力学中的弹性薄板理论建立典型金属矿体充填开采采场直接顶板的沉降物理数学模型，计算采场直接顶板位移与变形值，然后根据覆岩岩层移动与采场直接顶板移动的相似关系，建立覆岩任一水平（含地表）的位移与变形计算方法。运用该方法可以解释典型金属矿体充填开采引起覆岩及地表移动与变形的机理，定量计算典型金属矿体充填开采覆岩任一水平（含地表）的移动与变形值，为典型金属矿体充填开采覆岩及地表移动与变形的定量计算提供一种理论模型与方法。

4.1　充填开采控制覆岩移动与变形机理

4.1.1　充填体对采空区围岩的支护作用

　　金属矿充填开采中对采空区进行充填可以看作是类似于采用砌筑混凝土、喷射混凝土、锚杆或锚网等人工支护方法支护井筒与巷道。由于充入空区的充填料浆凝结固化为具有一定强度的充填体，充填体与采场围岩构成共同承载体系，控制采场地压，防止围岩的局部垮落或整体失稳，减少上下盘围岩的移动，从而控制覆岩及地表的移动与变形。如图 4-1 所示，充填体主要通过以下三个方面发挥对采场的支护作用[143]：

　　（1）表面支护。充填体通过对采空区边界围岩中的关键块体施加位移运动约束，可以阻止在低应力条件下关键块体附近采场岩体的空间上的渐进破坏。

　　（2）局部支护。充填在正在附近开采引起的采空区周壁围岩准连续性刚体位移的影响下，发挥被动抗体作用，对采空区周壁围岩产生反作用力。有关研究与生产证实，即使较小的表面荷载也可能会对摩擦型介质中的屈服区范围产生较大的影响，因而作用在围岩与充填体交界面上的支护压力可在采空区周壁产生具有较高梯度的局部应力。

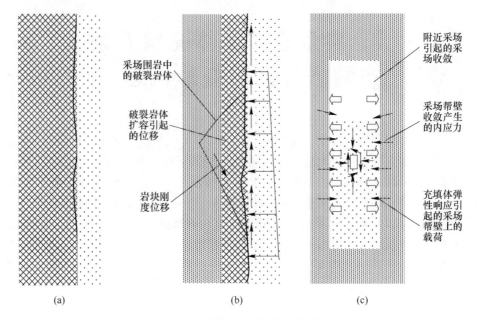

图 4-1　充填体的对采场的支护作用

（a）低应力区岩体表面块体的运动结束；（b）破裂区和节理岩体中产生的局部支护力；

（c）充填体受压缩产生的总体支护力

（3）总体支护（接触支撑）。当充入采空区的充填体受到一定的约束，充填体就会在整个矿山结构中起到总体支护构件的作用。换句话就是，矿石开采诱发围岩在空区充填体与岩体的接触面上产生的位移会引起充填体的变形，这种变形会引起开采空区附近区域中应力降低，且随着开采范围和规模增大，这种变形也会增大，充填体被压缩后对采场的围岩的支撑作用也会明显增大。

4.1.2　充填体改善了空区围岩的受力状态

地下矿石的采出打破了围岩中原有的应力平衡状态，从而使得空区附近的围岩受到的荷载大幅增加，当围岩受到荷载达到其极限强度后，就会发生破坏，这种破坏随着开采范围、开采规模的扩大而持续扩大，甚至于发展到地表，造成地表的坍陷与破坏。充入采空区的充填体，通过围岩的变形在与围岩的接触面上产生相互作用，限制围岩的进一步变形，从而改善空区围岩的受力状态，这主要体现在以下几个方面[144]：

（1）充填体的应力吸收与转移减小围岩应力集中。采用空场法开采矿体在围岩中留下大量空区，岩体之间的应力连续状态被空区隔断，导致岩体之间的应力无法传递，在采空区的形状不规则处和角点处会出现应力集中，致使采场地压活动显著加剧。充入采空区的充填料浆凝结固化为具有一定强度的充填体后具有吸收应力和转移应力的能力，但是充填体最初是不受力的，随着围岩的变形通过充填体与围岩接触面传递给充填体，充填体被压缩，围岩的部分应力被传入充填体内，通过充填体，空区周围的围岩应力得以传递，从而大大减小了围岩中的应力集中程度和区域（图 4-2），进而减小了采场地压活动，缩小开采造成的围岩破坏范围。

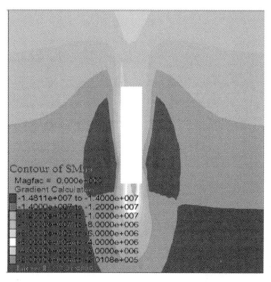

(a)

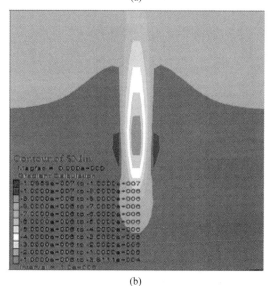

(b)

图 4-2　充填前后采场围岩的应力变化
（a）充填前；（b）充填后

　　（2）充填体提高围岩自身的承载能力，减小了围岩塑性区。地下矿石的采出形成采空区，增加了围岩的暴露自由面，当采空区被充填体填充后，采空区围岩的自由面减少，从而使采空区的围岩从暴露时的单轴或双轴受力状态变为充填后的双轴或三轴受力状态，进而较大地提高了空区围岩自身的强度及其承载能力。随着空区围岩自身强度及其承载能力的大大提高，因开采造成空区围岩变形产生的塑性区也得以较大地减小（图4-3）。

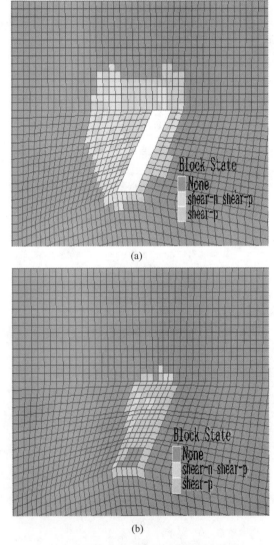

(a)

(b)

图4-3　充填前后采场围岩的塑性区变化

（a）充填前；（b）充填后

（3）充填体的让压作用。由于充填体刚度比原岩小得多，容易产生较大的压缩变形，因此，充填体在与围岩相互作用维护围岩系统结构体系稳定的过程中，能够缓慢让压，使其围岩应力的释放速度得以降低（从能量的角度来讲，就是限制了围岩应力能的释放速度），从而避免了围岩的突变失稳，减轻了围岩的破坏程度。

4.1.3 充填体对围岩结构体的维稳作用

岩体中本身存在的节理裂隙、断层或矿石开采对岩体的破坏造成的节理裂隙将空区四周围岩及顶板围岩分割成一系列结构体，采空区的形成或发展过程破坏了这些本来能承受载荷并保持平衡状态的"几何不变体系"，变成了"几何可变体系"，使得这些结构体产生滑移或冒落，从而导致空区四周围岩和顶板围岩的连锁破坏，也就是空区四周围岩和顶板围岩的渐进破坏，使整个采场及顶板围岩失稳[144]。当采空区被充填体填充后，充填体阻断或极大地减小了这些结构体的滑移或冒落空间，尽管充填体的刚度低且承受荷载时变形大，但是它可以较好地起到维持结构体原始平衡状态的作用，使采场空区四周围岩和顶板围岩能够保持稳定并承受载荷。这就是说，充入采空区的充填体在一定的条件下，具有维持空区四周围岩和顶板围岩结构体系稳定的作用，能较好地避免空区四周围岩和顶板围岩结构体系的突变失稳。

4.1.4 充填体对围岩节理裂隙的充填和胶凝作用

岩体中本身存在节理裂隙，矿石开采也会对岩体造成破坏，造成节理裂隙产生，空场法开采时，这些节理裂隙对采空区围岩的稳定性带来极大的不利作用[145]。对采空区充填时，未凝固的充填料浆将会进入这些节理裂隙，不仅会对节理裂隙进行填充，同时充填料浆作为细料，还会对节理裂隙间的岩块起到胶凝作用，增加空区围岩的整体性和完整性，防止开采过程中的破坏作用（如爆破震动、导水通道等）导致节理中的原生细料流出，促进节理和裂隙的膨胀，进而限制开采过程中围岩岩块的松动，提高围岩及采场顶板的稳定性。

4.1.5 充填体降低冲击波的破坏作用

采用空场法开采矿石留下大量的采空区，爆破、岩爆或地震等产生的冲击波会在采空区顶板或顶板的表面处发生反射[145]。这些冲击波在反射时将在孤立的顶板或底板中产长生拉应力，以致"切断"孤立的顶板或底板。但是，对采空区进行充填后，与顶板或底板直接接触的是充填体，冲击波在顶板或底板与充填体交界面处除了发生反射外，还有部分被透射入充填体中，从而减小了冲击波的反射，降低了冲击波反射时产生的拉应力对顶板或底板"切断"作用，同时充填体还可以阻止采场顶板处被拉应力"切断"岩石的位移,阻止围岩的进一步破坏。

综上所述,采用充填法开采矿体,充入采空区的充填体通过上述 5 种作用会减小空区围岩的破坏、移动与变形,从而控制覆岩及地表的移动与变形。尽管上述 5 种作用的任何一种单独对空区围岩的破坏、移动与变形控制作用不是很大,但其累加起的作用却可以大大减小空区围岩的破坏、移动与变形,从而控制覆岩及地表的移动与变形。金属充填开采在此种情况下的覆岩移动与变形也与空场法开采时的覆岩移动与变形发生了本质的变化。如图 4-4 所示,金属矿充填法开采覆岩中不会出现垮落带,同时由于金属矿矿体厚度不大的特点,采场直接顶板的移动与变形也会明显小于煤矿充填开采,从而导致覆岩中裂隙带的发育高度也较大地小于煤矿充填开采,因而不能直接将传统煤矿开采中基于垮落法的覆岩及地表移动与变形分析理论应用于金属矿充填开采。金属矿充填开采覆岩及地表移动与变形应根据其自身的特点建立相应的分析模型。

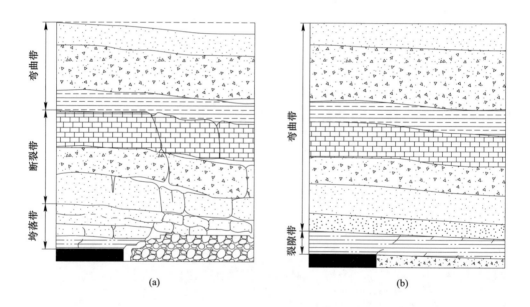

图 4-4   空场开采与充填开采覆岩的移动与变形特征对比

(a) 空场法开采;(b) 充填法开采

4.2   弹性薄板基本理论

弹性薄板是指基于弹性力学的板厚 t 与中面最小尺寸 l 之间的比为 $1/5 \sim 1/80$ 之间的一种板。对于一个具体的弹性薄板力学问题,它需要满足弹性力学理论体系中的基本方程，即 3 个平衡微分方程、6 个物理方程、6 个几何方程和 6 个应变协调方程。

（1）平衡微分方程。在弹性理论体系中，弹性薄板内部的二阶应力张量 $\boldsymbol{\sigma}_{ij}$ 为：

$$\boldsymbol{\sigma}_{ij} = \begin{bmatrix} \sigma_x & \tau_{xy} & \tau_{xz} \\ \tau_{yx} & \sigma_y & \tau_{yz} \\ \tau_{zx} & \tau_{zy} & \sigma_z \end{bmatrix} \tag{4-1}$$

当弹性薄板内部处于平衡状态时，需要满足以下平衡微分方程：

$$\begin{cases} \dfrac{\partial \sigma_x}{\partial x} + \dfrac{\partial \tau_{xy}}{\partial y} + \dfrac{\partial \tau_{xz}}{\partial z} + X = 0 \\[2mm] \dfrac{\partial \tau_{yx}}{\partial x} + \dfrac{\partial \sigma_y}{\partial y} + \dfrac{\partial \tau_{yz}}{\partial z} + Y = 0 \\[2mm] \dfrac{\partial \tau_{zx}}{\partial x} + \dfrac{\partial \tau_{zy}}{\partial y} + \dfrac{\partial \sigma_z}{\partial z} + Z = 0 \end{cases} \tag{4-2}$$

式中 X，Y，Z——分别为弹性薄板在 x、y、x 方向上的体力。

（2）几何方程。根据弹性力学理论，弹性薄板需要满足的几何方程如下：

$$\begin{cases} \varepsilon_x = \dfrac{\partial u}{\partial x}, \gamma_{xy} = \dfrac{\partial \nu}{\partial x} + \dfrac{\partial u}{\partial y} \\[2mm] \varepsilon_y = \dfrac{\partial \nu}{\partial y}, \gamma_{yz} = \dfrac{\partial \omega}{\partial y} + \dfrac{\partial \nu}{\partial z} \\[2mm] \varepsilon_z = \dfrac{\partial \omega}{\partial z}, \gamma_{zx} = \dfrac{\partial u}{\partial z} + \dfrac{\partial \omega}{\partial x} \end{cases} \tag{4-3}$$

（3）物理方程。根据弹性力学理论，物理方程也叫本构方程，它实际上是一组联系可变形体材料应力与应变参数间的方程式，它反映了可变形物体材料的固有特性。弹性薄板需要满足的物理方程如下：

$$\begin{cases} \varepsilon_x = \dfrac{1}{E}\left[\sigma_x - \mu(\sigma_y + \sigma_z)\right], \gamma_{xy} = \dfrac{1}{G}\tau_{xy} \\[2mm] \varepsilon_y = \dfrac{1}{E}\left[\sigma_y - \mu(\sigma_x + \sigma_z)\right], \gamma_{yz} = \dfrac{1}{G}\tau_{yz} \\[2mm] \varepsilon_z = \dfrac{1}{E}\left[\sigma_z - \mu(\sigma_x + \sigma_y)\right], \gamma_{zx} = \dfrac{1}{G}\tau_{zx} \end{cases} \tag{4-4}$$

（4）应变协调方程。根据弹性力学理论，要使弹性薄板几何方程中的 6 个应变分量不相矛盾，则 6 个应变分量还需要满足以下应变协调方程：

$$\begin{cases} \dfrac{\partial^2 \varepsilon_x}{\partial y^2} + \dfrac{\partial^2 \varepsilon_y}{\partial x^2} = \dfrac{\partial^2 \gamma_{xy}}{\partial x \partial y} \\[2mm] \dfrac{\partial^2 \varepsilon_y}{\partial z^2} + \dfrac{\partial^2 \varepsilon_z}{\partial y^2} = \dfrac{\partial^2 \gamma_{yz}}{\partial y \partial z} \\[2mm] \dfrac{\partial^2 \varepsilon_z}{\partial x^2} + \dfrac{\partial^2 \varepsilon_x}{\partial z^2} = \dfrac{\partial^2 \gamma_{zx}}{\partial x \partial z} \\[2mm] \dfrac{\partial}{\partial x}\left(-\dfrac{\partial \gamma_{yz}}{\partial x} + \dfrac{\partial \gamma_{xz}}{\partial y} + \dfrac{\partial \gamma_{xy}}{\partial z} \right) = 2\dfrac{\partial^2 \varepsilon_x}{\partial y \partial z} \\[2mm] \dfrac{\partial}{\partial y}\left(\dfrac{\partial \gamma_{yz}}{\partial x} - \dfrac{\partial \gamma_{xz}}{\partial y} + \dfrac{\partial \gamma_{xy}}{\partial z} \right) = 2\dfrac{\partial^2 \varepsilon_y}{\partial x \partial z} \\[2mm] \dfrac{\partial}{\partial y}\left(\dfrac{\partial \gamma_{yz}}{\partial x} + \dfrac{\partial \gamma_{xz}}{\partial y} - \dfrac{\partial \gamma_{xy}}{\partial z} \right) = 2\dfrac{\partial^2 \varepsilon_z}{\partial x \partial y} \end{cases} \tag{4-5}$$

弹性力学的分析对象是建立在连续、均匀和各向同性假定基础上的，在弹性薄板弯曲问题分析过程中，根据薄板的小挠度弯曲理论，计算模型还需要满足 Kirchhoff-Love 的三个假设：

（1）垂直于弹性薄板中面方向的正应变 $\varepsilon_z = 0$。即垂直于弹性薄板中面的任一直线段，在薄板弯曲变形后保持变形前的直线段，仍然垂直于弯曲变形后的中面，而且该直线段的长度没有变化。

（2）垂直于弹性薄板中面方向的三个应力分量 σ_z、τ_{zx} 和 τ_{zy} 远小于其余的三个应力分量，因而该 3 个应力分量是次要的应力分量，由它们引起的形变可以忽略不计，即 $\gamma_{zx} = \gamma_{xz} = 0$；但该三个应力分量其本身是维持弹性薄板内部的平衡所必要的应力，却不能忽略不计。

（3）弹性薄板内部各质点无平行于中面的位移，即弹性薄板中面内没有剪切变形和伸缩变形。

根据 Kirchhoff-Love 第一条假设的 $\varepsilon_z = 0$ 可知，在垂直于弹性薄板中面的任一法线上的所有质点均具有相同的位移 w，w 也称挠度，则 w 可以表示为式（4-6）：

$$w = w(x, y) \tag{4-6}$$

根据 Kirchhoff-Love 的第一、二条假设的 $\varepsilon_z = 0$ 和 $\gamma_{zx} = \gamma_{xz} = 0$，再结合几何方程式（4-3）和物理方程式（4-4），有：

$$\begin{cases} \dfrac{\partial \omega}{\partial y} + \dfrac{\partial \nu}{\partial z} = 0 \\[2mm] \dfrac{\partial u}{\partial z} + \dfrac{\partial \omega}{\partial x} = 0 \end{cases} \tag{4-7}$$

$$\begin{cases} \varepsilon_x = \dfrac{1}{E}(\sigma_x - \mu\sigma_y) \\[2mm] \varepsilon_y = \dfrac{1}{E}(\sigma_y - \mu\sigma_x) \\[2mm] \gamma_{xy} = \dfrac{2(1+\mu)}{E}\tau_{xy} \end{cases} \tag{4-8}$$

根据 Kirchhoff-Love 的第三条假设，有：

$$\begin{cases} u(x,y,0) = 0 \\ v(x,y,0) = 0 \end{cases} \tag{4-9}$$

对式（4-7）进行积分，有：

$$\begin{cases} u = \dfrac{\partial \omega}{\partial x}z + f_1(x,y) \\[2mm] v = \dfrac{\partial \omega}{\partial y}z + f_2(x,y) \end{cases} \tag{4-10}$$

根据式（4-9）可知 $f_1(x,y)=0$、$f_2(x,y)=0$，则 $u=\dfrac{\partial \omega}{\partial x}z$、$v=\dfrac{\partial \omega}{\partial y}z$，从而几何方程式（4-3）可用下式表示：

$$\begin{cases} \varepsilon_x = -z\dfrac{\partial^2 w}{\partial x^2} \\[2mm] \varepsilon_y = -z\dfrac{\partial^2 w}{\partial y^2} \\[2mm] \varepsilon_{xy} = -2z\dfrac{\partial^2 w}{\partial x \partial y} \end{cases} \tag{4-11}$$

根据式（4-8）求出应力分量，并将应力分量用挠度 w 表示，然后将式（4-11）代入其中有：

$$\begin{cases} \sigma_x = -\dfrac{Ez}{1-\nu^2}\left(\dfrac{\partial^2 w}{\partial x^2} + \dfrac{\partial^2 w}{\partial y^2}\right) \\[3mm] \sigma_y = -\dfrac{Ez}{1-\nu^2}\left(\dfrac{\partial^2 w}{\partial y^2} + \dfrac{\partial^2 w}{\partial x^2}\right) \\[3mm] \tau_{xy} = -\dfrac{Ez}{1+\nu^2}\dfrac{\partial^2 w}{\partial x \partial y} \end{cases} \tag{4-12}$$

由于矿山开采中岩体的体力只有重力，不存在横向体力，即 $X=0$、$Y=0$，因此将式（4-12）代入平衡微分方程式（4-2），并对平衡微分方程进行变化，则用挠度 w 表示的 τ_{zx} 和 τ_{zy} 如下：

$$
\begin{cases}
\dfrac{\partial \tau_{zx}}{\partial z} = \dfrac{Ez}{1-\mu^2}\left(\dfrac{\partial^3 w}{\partial x^3} + \mu\,\dfrac{\partial^3 w}{\partial x \partial y^2}\right) + \dfrac{Ez}{1+\mu}\,\dfrac{\partial^3 w}{\partial x \partial y^2} = \dfrac{Ez}{1-\mu^2}\,\dfrac{\partial}{\partial x}\,\nabla^2 w \\[3mm]
\dfrac{\partial \tau_{zy}}{\partial z} = \dfrac{Ez}{1-\mu^2}\left(\dfrac{\partial^3 w}{\partial y^3} + \mu\,\dfrac{\partial^3 w}{\partial x^2 \partial y}\right) + \dfrac{Ez}{1+\mu}\,\dfrac{\partial^3 w}{\partial x^2 \partial y} = \dfrac{Ez}{1-\mu^2}\,\dfrac{\partial}{\partial y}\,\nabla^2 w
\end{cases}
\tag{4-13}
$$

式中，$\nabla^2 = \dfrac{\partial}{\partial x^2} + \dfrac{\partial}{\partial y^2}$。

由于挠度 w 不随 z 变化，因而对式（4-13）积分可以得到式（4-14）：

$$
\begin{cases}
\tau_{zx} = \dfrac{Ez^2}{2(1-\mu^2)}\,\dfrac{\partial}{\partial x}\,\nabla^2 w + F_1(x,y) \\[3mm]
\tau_{zy} = \dfrac{Ez^2}{2(1-\mu^2)}\,\dfrac{\partial}{\partial y}\,\nabla^2 w + F_2(x,y)
\end{cases}
\tag{4-14}
$$

根据弹性薄板上下表面的剪应力的边界条件 $(\tau_{zx})_{z=\pm t/2} = 0$，$(\tau_{zy})_{z=\pm t/2} = 0$，可以解出：

$$
\begin{cases}
F_1(x,y) = \dfrac{Et^2}{8(1-\mu^2)}\,\dfrac{\partial}{\partial x}\,\nabla^2 w \\[3mm]
F_2(x,y) = \dfrac{Et^2}{8(1-\mu^2)}\,\dfrac{\partial}{\partial y}\,\nabla^2 w
\end{cases}
\tag{4-15}
$$

将式（4-15）代入式（4-14），有：

$$
\begin{cases}
\tau_{zx} = \dfrac{E}{2(1-\mu^2)}\left(z^2 - \dfrac{t^2}{4}\right)\dfrac{\partial}{\partial x}\,\nabla^2 w \\[3mm]
\tau_{zy} = \dfrac{E}{2(1-\mu^2)}\left(z^2 - \dfrac{t^2}{4}\right)\dfrac{\partial}{\partial y}\,\nabla^2 w
\end{cases}
\tag{4-16}
$$

同理，将 σ_z 也用挠度 w 表示，由平衡微分方程式（4-2）有：

$$
\frac{\partial \sigma_z}{\partial z} = \frac{Ez}{2(1-\mu^2)}\left(\frac{t^2}{4} - z^2\right)\nabla^4 w
\tag{4-17}
$$

式中，$\nabla^2 = \dfrac{\partial^4}{\partial x^4} + 2\dfrac{\partial^4}{\partial x^2 \partial y^2} + \dfrac{\partial^4}{\partial y^4}$。

对式（4-17）积分有：

$$
\sigma_z = \frac{E}{2(1-\mu^2)}\left(\frac{t^2}{4}z - \frac{1}{3}z^3\right)\nabla^4 w + F_3(x,y)
\tag{4-18}
$$

根据弹性薄板的边界条件，在薄板的下边界有 $(\sigma_z)_{z=t/2} = 0$，可以解出：

$$
F_3(x,y) = -\frac{E}{2(1-\mu^2)}\,\frac{t^2}{12}\,\nabla^4 w
\tag{4-19}
$$

将式（4-19）代入式（4-18）中，可以得到弹性薄板应力分量 σ_z 的函数表达式：

$$\sigma_z = \frac{E}{2(1-\mu^2)}\left(\frac{t^2}{4}z - \frac{1}{3}z^3\right)\nabla^4 w - \frac{E}{2(1-\mu^2)}\frac{t^2}{12}\nabla^4 w \tag{4-20}$$

再根据弹性薄板的上边界条件有 $(\sigma_z)_{z=-t/2} = -q$，将此边界条件代入式（4-20）中有：

$$\frac{Et^3}{12(1-\mu^2)}\nabla^4 w = q \tag{4-21}$$

式（4-21）即为弹性薄板的弹性曲面微分方程，令 $D = \dfrac{Et^3}{12(1-\mu^2)}$，则式（4-21）变为：

$$D\nabla^4 w = q \tag{4-22}$$

对于不考虑构造应力的充填开采金属矿，为 q 上覆岩层产生的自重应力，可按式（4-23）计算：

$$q = \sum_{i=1}^{n}\gamma_i h_i \tag{4-23}$$

式中　γ_i——为第 i 层覆岩的容重，N/m^3；

　　　h_i——为第 i 层覆岩的厚度，m。

4.3 采场直接顶板移动与变形

4.3.1 采场直接顶板移动与变形模型

采用充填法开采的金属矿山，采空区被充填体填充，充填体支撑空区直接顶板，因此充填体可以看作弹性地基，空区直接顶可以看作上部承受上覆岩层重力载荷、下部受四周矿柱和充填体支撑的一个弹性薄板，据此，建立的典型金属矿体充填开采采场直接顶板的沉降物理力学模型如图 4-5 所示。

对于典型金属矿体充填开采，由于采空区被充填体填充，空区直接顶板位于连续的充填体上，故在上覆岩层的重力荷载 $q(x,y)$ 的作用下，直接顶板产生弯曲变形，各质点产生的下沉量为 w，即挠度。根据数值模拟和相似材料模型模拟结果可以知，挠度 w 较小，因此充填体可以看作为 Winkler 弹性地基。因此，根据 Winkler 弹性地基假设，可以认为直接顶板与充填体紧密接触，对于直接顶板下任一质点受到的充填体支撑作用反力 $p(x,y)$ 与该质点的挠度 $w(x,y)$ 成正比，即有下式：

$$p(x,y) = kw(x,y) \tag{4-24}$$

式中　k——Winkler 弹性地基系数。

对于如图 4-5 所示的典型金属矿体充填开采空区直接顶板的弹性薄板模型，当空区直接顶板支撑在连续的弹性地基（充填体）上时，该弹性薄板的外荷载有上覆岩层产生的自重应力 $q(x,y)$ 和充填体的反作用力 $p(x,y)$，因而弹性薄

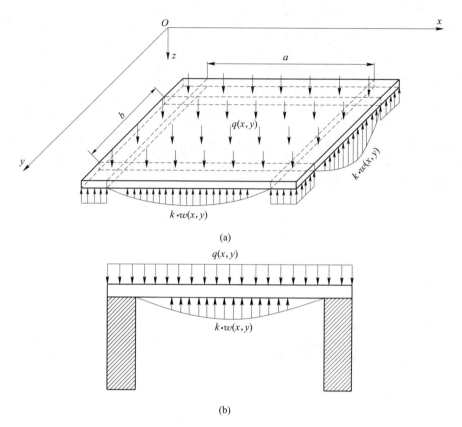

图 4-5 典型金属矿体充填开采直接顶板沉降物理力学模型示意图

(a) 模型的立体图；(b) 模型的剖面图

板各质点所受到的综合荷载 $Q(x, y)$ 为：

$$Q(x, y) = q(x, y) - p(x, y) \tag{4-25}$$

根据式（4-21）和式（4-25）有：

$$D \nabla^4 w(x, y) = q(x, y) - p(x, y) \tag{4-26}$$

将式（4-24）代入式（4-26）中，变形后有：

$$\nabla^4 w(x, y) = \frac{q(x, y) - kw(x, y)}{D} \tag{4-27}$$

式（4-27）即为典型金属矿体充填开采采空区直接顶板弹性薄板物理力学模型的 Winkler 形式微分方程。

4.3.2 采场直接顶板移动与变形模型求解

根据上节建立的典型金属矿体充填开采直接顶板沉降物理力学模型得到的微分方程式（4-27）是一个高阶偏微分方程，为了得到该模型挠度 w 的解析式，需要用特殊方法求解式（4-27）。

如图 4-5 所示，由于金属矿围岩硬度较大，且采空区在充填的填充作用下四围岩的侧向移动受到较大限制，因此采空区四周围岩可以看作四边简支，边界沉降可以忽略。因此，式（4-27）的边界条件为固定边界，即 $x=0$、$x=a$ 和 $y=0$、$y=b$ 处的挠度及转角均为零，其边界条件可以写成式（4-28）：

$$\begin{cases} \omega\big|_{x=0}=0,\ \omega\big|_{x=a}=0 \\ \omega\big|_{y=0}=0,\ \omega\big|_{y=b}=0 \\ \dfrac{\partial\omega}{\partial x}\bigg|_{x=0}=0,\ \dfrac{\partial\omega}{\partial x}\bigg|_{x=a}=0 \\ \dfrac{\partial\omega}{\partial y}\bigg|_{y=0}=0,\ \dfrac{\partial\omega}{\partial y}\bigg|_{y=b}=0 \end{cases} \tag{4-28}$$

对于如图 4-5 所示的四边简支的弹性矩形薄板的挠度求解问题，可以采用 Navier 解法，即弹性矩形薄板的挠度 w 可以用双三角级函数表示

$$w(x,y)=\sum_{m=1}^{\infty}\sum_{n=1}^{\infty}A_{mn}\sin\frac{m\pi x}{a}\sin\frac{n\pi y}{b} \tag{4-29}$$

式中　A_{mn}——待定系数；

　　　m，n——任意的正整数；

　　　a，b——分别为该弹性薄板的长与宽，m。

显然式（4-29）自动满足边界条件式（4-28），将挠度的双三角级函数表达式式（4-28）代入弹性薄板微分方程（4-27）中，可以得到：

$$\pi^4\sum_{m=1}^{\infty}\sum_{n=1}^{\infty}A_{mn}\left(\frac{m^2}{a^2}+\frac{n^2}{b^2}\right)^2\sin\frac{m\pi x}{a}\sin\frac{n\pi y}{b}=\frac{q(x,y)-k\cdot\omega(x,y)}{D} \tag{4-30}$$

同理 $q(x,y)$ 也用可以用双三角级函数来表示：

$$q(x,y)=\sum_{m=1}^{\infty}\sum_{n=1}^{\infty}C_{mn}\sin\frac{m\pi x}{a}\sin\frac{n\pi y}{b} \tag{4-31}$$

式中　C_{mn}——待定系数。

为了求得式（4-31）中的待定系数 C_{mn}，可以将式（4-31）等号两边均乘以 $\sin\dfrac{i\pi x}{a}$（i 为任意的正整数），然后对式（4-31）的 x 从 0 至 a 进行积分，并且由于：

$$\int_0^a\sin\frac{m\pi x}{a}\sin\frac{i\pi x}{a}\mathrm{d}x=\begin{cases}\dfrac{a}{2}&(m=i)\\[2mm]0&(m\neq i)\end{cases} \tag{4-32}$$

因此，结合式（4-32），式（4-31）变为：

$$\int_0^a q(x,y)\sin\frac{i\pi x}{a}\mathrm{d}x=\frac{a}{2}\sum_{n=1}^{\infty}C_{in}\sin\frac{n\pi y}{b} \tag{4-33}$$

同理，对式（4-33）等号两边再均乘以 $\sin\dfrac{j\pi y}{b}$（j 为任意的正整数），然后对式（4-33）的 y 从 0 至 b 进行积分，并且由于：

$$\int_0^b \sin\frac{n\pi y}{b}\sin\frac{j\pi y}{b}\mathrm{d}y = \begin{cases} \dfrac{b}{2} & (n=j) \\ 0 & (n\neq j) \end{cases} \tag{4-34}$$

因此，结合式（4-34），式（4-31）亦可以变为：

$$\int_0^b q(x,y)\sin\frac{j\pi y}{b}\mathrm{d}y = \frac{b}{2}\sum_{n=1}^{\infty} C_{jm}\sin\frac{m\pi x}{a} \tag{4-35}$$

因此有：

$$\int_0^a\int_0^b q(x,y)\sin\frac{i\pi x}{a}\sin\frac{j\pi y}{b}\mathrm{d}x\mathrm{d}y = \frac{ab}{4}C_{ij} \tag{4-36}$$

对于式（4-36），由于 i、j 均是任意正整数，所以 i、j 也可以写成 m、n，所以式（4-36）可以变成式（4-37）：

$$\int_0^a\int_0^b q(x,y)\sin\frac{i\pi x}{a}\sin\frac{j\pi y}{b}\mathrm{d}x\mathrm{d}y = \frac{ab}{4}C_{mn} \tag{4-37}$$

因此，

$$C_{mn} = \frac{4}{ab}\int_0^a\int_0^b q(x,y)\sin\frac{m\pi x}{a}\sin\frac{n\pi y}{b}\mathrm{d}x\mathrm{d}y \tag{4-38}$$

将 C_{mn} 代入式（4-31）中，有：

$$q(x,y) = \sum_{m=1}^{\infty}\sum_{n=1}^{\infty}\left[\frac{4}{ab}\int_0^a\int_0^b q(x,y)\sin\frac{m\pi x}{a}\sin\frac{n\pi y}{b}\mathrm{d}x\mathrm{d}y\right]\sin\frac{m\pi x}{a}\sin\frac{n\pi y}{b} \tag{4-39}$$

将式（4-31）代入式（4-27）中有：

$$q(x,y) = \sum_{m=1}^{\infty}\sum_{n=1}^{\infty}\left[\pi^4 D\left(\frac{m^2}{a^2}+\frac{n^2}{b^2}\right)^2 + k\right]A_{mn}\sin\frac{m\pi x}{a}\sin\frac{n\pi y}{b} \tag{4-40}$$

对比式（4-39）和式（4-40）有：

$$A_{mn} = \frac{\dfrac{4}{ab}\displaystyle\int_0^a\int_0^b q(x,y)\sin\dfrac{m\pi x}{a}\sin\dfrac{n\pi y}{b}\mathrm{d}x\mathrm{d}y}{\pi^4 D\left(\dfrac{m^2}{a^2}+\dfrac{n^2}{b^2}\right)^2 + k} \tag{4-41}$$

将将式（4-41）代入式（4-29）中有：

$$w(x,y) = \frac{4}{ab} \sum_{m=1}^{\infty} \sum_{n=1}^{\infty} \frac{\int_0^a \int_0^b q(x,y) \sin\dfrac{m\pi x}{a} \sin\dfrac{n\pi y}{b} \mathrm{d}x\mathrm{d}y}{\pi^4 D \left(\dfrac{m^2}{a^2} + \dfrac{n^2}{b^2}\right)^2 + k} \sin\frac{m\pi x}{a} \sin\frac{n\pi y}{b} \quad (4\text{-}42)$$

又由于当如图 4-5 所示模型的弹性薄板顶部受到的荷载为均匀荷载，即 $q(x,y) = q_0$ 时，根据式（4-31）和式（4-30）可知：

$$C_{mn} = \frac{4}{ab} \int_0^a \int_0^b q_0 \sin\frac{m\pi x}{a} \sin\frac{n\pi y}{b} \mathrm{d}x\mathrm{d}y =$$

$$\begin{cases} \dfrac{16q_0}{\pi^2 mn} & (m=1,3,5,\cdots;n=1,3,5,\cdots) \\[2mm] 0 & (m=2,4,6,\cdots;n=2,4,6,\cdots) \end{cases} \quad (4\text{-}43)$$

因此，式（4-42）可以简化为：

$$w(x,y) = \frac{16q_0}{\pi^2} \sum_{m=1,3,5\cdots}^{\infty} \sum_{n=1,3,5\cdots}^{\infty} \frac{\sin\dfrac{m\pi x}{a} \sin\dfrac{n\pi y}{b}}{mn\left[\pi^4 D\left(\dfrac{m^2}{a^2} + \dfrac{n^2}{b^2}\right)^2 + k\right]} \quad (4\text{-}44)$$

式（4-44）即为典型金属矿体充填开采采空区直接顶板的下沉量（或挠度）计算公式，该式分别对 x 或 y 求导，可以得到直接顶板 x 方向与 y 方向的倾斜变形式（4-45），倾斜变形公式再分别对 x 或 y 求导，可以得到直接顶板 x 方向和 y 方向的曲率变形式（4-46）：

$$\begin{cases} \varepsilon_x = \dfrac{\mathrm{d}w(x,y)}{\mathrm{d}x} = \dfrac{16q_0}{\pi^2} \sum_{m=1,3,5\cdots}^{\infty} \sum_{n=1,3,5\cdots}^{\infty} \dfrac{\cos\dfrac{m\pi x}{a}\sin\dfrac{n\pi y}{b}}{an\left[\pi^3 D\left(\dfrac{m^2}{a^2} + \dfrac{n^2}{b^2}\right)^2 + k\right]} \\[8mm] \varepsilon_y = \dfrac{\mathrm{d}w(x,y)}{\mathrm{d}y} = \dfrac{16q_0}{\pi^2} \sum_{m=1,3,5\cdots}^{\infty} \sum_{n=1,3,5\cdots}^{\infty} \dfrac{\sin\dfrac{m\pi x}{a}\cos\dfrac{n\pi y}{b}}{bm\left[\pi^3 D\left(\dfrac{m^2}{a^2} + \dfrac{n^2}{b^2}\right)^2 + k\right]} \end{cases} \quad (4\text{-}45)$$

$$\begin{cases} K_x = \dfrac{\mathrm{d}\varepsilon_x}{\mathrm{d}x} = \dfrac{16q_0}{\pi^2} \sum_{m=1,3,5\cdots}^{\infty} \sum_{n=1,3,5\cdots}^{\infty} \dfrac{-m\sin\dfrac{m\pi x}{a}\sin\dfrac{n\pi y}{b}}{a^2 n\left[\pi^2 D\left(\dfrac{m^2}{a^2} + \dfrac{n^2}{b^2}\right)^2 + k\right]} \\[8mm] K_y = \dfrac{\mathrm{d}\varepsilon_y}{\mathrm{d}y} = \dfrac{16q_0}{\pi^2} \sum_{m=1,3,5\cdots}^{\infty} \sum_{n=1,3,5\cdots}^{\infty} \dfrac{-n\sin\dfrac{m\pi x}{a}\sin\dfrac{n\pi y}{b}}{b^2 m\left[\pi^2 D\left(\dfrac{m^2}{a^2} + \dfrac{n^2}{b^2}\right)^2 + k\right]} \end{cases} \quad (4\text{-}46)$$

4.4　覆岩及地表的移动与变形

金属矿充填开采采空区直接顶板的下沉与变形会进一步引起其上覆岩层及地表的下沉与变形。但金属矿围岩较为坚硬，且采空区充填后直接顶板的下沉与变形量较小，因此可以将上覆岩层任一水平（含地表）变形后的形状视为与采空区直接顶板变形后的形状相似；并根据金属矿矿岩坚硬矿岩的微压缩性，可以认为两水平的下沉空间体积相等。根据上述原则，建立如图 4-6 所示的模型，计算采空区上覆岩层中任一水平及地表的下沉与变形量。

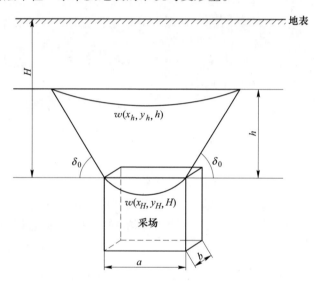

图 4-6　典型金属矿体充填开采覆岩及地表沉降模型示意图

根据相似性及下沉空间体积相等，有：

$$\iint w(x_H, y_H, H)\, \mathrm{d}x_H \mathrm{d}y_H = \iint w(x_h, y_h, h)\, \mathrm{d}x_h \mathrm{d}y_h \tag{4-47}$$

根据相似性及几何关系，可知采空区上覆岩层中任一水平及地表的下沉量计算公式如下：

$$w(x_h, y_h, h) = \frac{w(x_H, y_H, H)\, \mathrm{d}x_H \mathrm{d}y_H}{\mathrm{d}x_h \mathrm{d}y_h} = \frac{a\tan\delta}{2h + a\tan\delta}\frac{b\tan\delta}{2h + b\tan\delta} w(x_H, y_H, H)$$

$$\tag{4-48}$$

式中　　$x_h = \dfrac{a\tan\delta}{2h + a\tan\delta} x_H$，$y_h = \dfrac{b\tan\delta}{2h + b\tan\delta} y_H$；

H——覆岩厚度，或开采深度，m；

h——计算水平距离采场直接顶板的高度，m；

δ——边界角，（°）。

式（4-48）对 x 或 y 求导（二次求导），可以得到直接顶板 x 方向与 y 方向的倾斜变形（曲率变形）计算公式。

4.5 不同因素对采场直接顶板下沉的影响规律

4.2 节得到典型金属矿体充填开采采场直接顶板的下沉量（或挠度）理论计算公式（4-44），进而根据覆岩岩层相似的关系在 4.4 节中得到了采空区上覆岩层中任一水平及地表的下沉量的理论计算公式（4-44），根据这两个公式可进一步计算直接顶板、覆岩中任一水平及地表的倾斜变形和曲率变形值。可见采场直接顶板的下沉量是后续计算的主要直接依据，因此本节主要分析不同因素对采场直接顶板下沉的影响规律。鉴于本书数值模拟分析和相似模型分析均为二维计算，为此本节首先分析相同开采区域跨度下，开采区域长度对采场直接顶板下沉的影响规律，从而将后续分析计算简化为二维计算。由于式（4-44）是一个无穷级数计算公式，无法手动解出，因此，编制 Matlab 程序计算其结果，编制的Matlab 计算程序如下（计算采用的参数见表 4-1）：

```
clear
clc
%手动输入挠度公式5个已知参数
q = -5670000;
a = 50;
b = 50;
d = 287925657291;
k = 25000000;
%划分网格
xgrid = 0:1:a;
ygrid = 0:1:b;
[x,y] = meshgrid(xgrid,ygrid);
%求挠度值,并画出三维图
w = 0;
  for m = 1:2:10000000
    for n = 1:2:10000000
      w = w+1000*(16*q)/(pi^2)*sin(m*pi*x/a).*sin(n*pi*y/b).
      /(m*n*(pi^4*d*(m^2/a^2+n^2/b^2)^2+k));
    end
  end
surfc(x,y,w);
```

```
%修改图条例
colorbar;
t1 = caxis;
t1 = linspace(t1(1),t1(2),10);
my_handle = colorbar('ytick',t1);
```

表 4-1　开采区域长度对直接顶板下沉的影响计算参数

序号	名称	单位	数值
1	覆岩平均容重 γ	kN/m³	28.35
2	覆岩平均弹性模量 E	GPa	15.12
3	覆岩平均泊松比 μ	—	0.234
4	覆岩厚度 H	m	200
5	薄板厚度 t	m	6
6	地基系数 k	MPa/m	25
7	开采区域跨度（即矿体厚度）a	m	50
8	开采区域长度 b	m	50、100、150、250

　　根据上述 Matlab 程序和表 4-1 中的参数，同一开采区域跨度下，不同开采区域长度直接顶板的下沉量计算结果如图 4-7 所示。

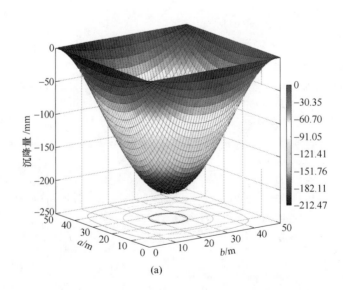

(a)

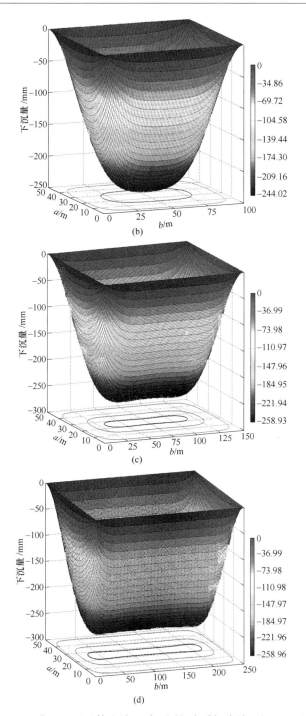

图 4-7　典型金属矿体充填开采不同长度采场直接顶板下沉量

（a）$b=a$；（b）$b=2a$；（c）$b=3a$；（d）$b=5a$

从图 4-7 可以发现, 金属矿充填开采采场直接顶板的最大下沉量发生在采场中央, 且同一开采区域跨度下, 随着开采区域长度的增大, 最大下沉量逐渐变大, 但当开采区域长度大于 3~5 倍开采区域跨度后, 最大下沉量趋于稳定, 即此阶段采场直接顶板下沉计算模型可以简化为二维模型进行计算。因此, 后续的采用 Matlab 计算分析中, 开采区域长度均取为开采区域跨度的 5 倍。

4.5.1 地基系数对采场直接顶板下沉的影响

式 (4-44) 中的地基系数大小直接体现了采场充填后充填对采场直接顶板支撑作用力的大小, 不同的地基系数表示不同配比的充填体。本节计算开采区域跨度取 46.2m, 其他参数取值见表 4-1, 不同地基系数和覆岩厚度下, 典型金属矿体充填开采采场直接顶板的最大下沉量计算结果见表 4-2, 直接顶板最大下沉量随地基系数的变化趋势如图 4-8 所示。

表 4-2　不同地基系数和覆岩厚度下采场直接顶板最大下沉量　　　（mm）

覆岩厚度 /m	地基系数/MPa·m^{-1}						
	15	30	45	60	75	90	105
100	−168.43	−97.72	−68.51	−52.57	−42.54	−35.66	−30.64
200	−336.86	−195.43	−137.01	−105.13	−85.07	−71.31	−61.27
300	−505.29	−293.15	−205.52	−157.70	−127.61	−106.95	−91.91
400	−673.72	−390.86	−274.02	−210.26	−170.15	−142.63	−122.54
500	−842.15	−488.58	−342.53	−262.83	−212.69	−178.26	−153.18
600	−1010.58	−586.29	−411.03	−315.39	−255.22	−213.94	−183.81
700	−1179.01	−684.01	−479.54	−367.96	−297.76	−249.56	−214.45

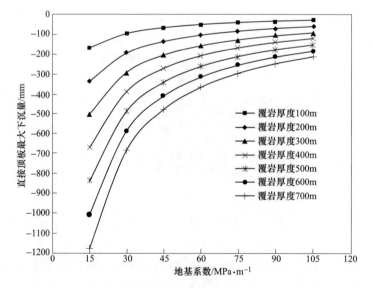

图 4-8　典型金属矿体充填开采采场直接顶板的最大下沉量随地基系数的变化趋势

从图 4-8 中可以看出，当地基系数处于较小阶段时，金属矿充填开采采场直接顶板的最大下沉量受地基系数影响较大，随着地基系数的增大，采场直接顶板下沉量明显减小，且覆岩厚度越厚，这种影响更明显。因此，此阶段应主要提高采场充填体的接顶率并适当提高充填体配比，以增大地基系数来控制直接顶板的下沉。但当地基系数逐渐增大到较高阶段时，采场直接顶板的最大下沉量无论是在覆岩厚度较小还是较大时受地基系数的影响均逐渐变缓，地基系数的进一步提高，采场直接顶板的最大下沉量减小不明显，此阶段再以提高充填配比、增大充填体的地基系数来控制直接顶板下沉效果不是很明显，而且过高的充填配比，会增大开采成本，不经济，此时应从其他方面来控制采场直接顶板沉降，如增大间柱宽度、留设永久矿柱等方式。

4.5.2 覆岩厚度对采场直接顶板下沉的影响

覆岩厚度越大，采场顶板顶部的荷载也越大，这显然对金属矿充填开采采场直接顶板的下沉有较大影响。本节计算开采区域跨度同样取 46.2m、其他参数取值见表 4-1，不同覆岩厚度和地基系数下，金属矿充填开采采场直接顶板的最大下沉量计算结果见表 4-2，直接顶板最大下沉量随覆岩厚度的变化趋势如图 4-9 所示。

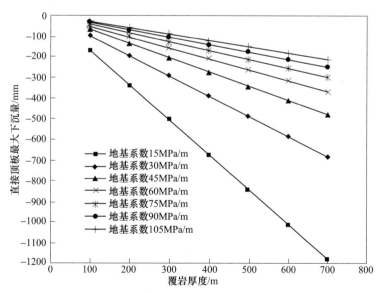

图 4-9 典型金属矿体充填开采采场直接顶板的最大下沉量随覆岩厚度的变化趋势

从图 4-9 中可以看出，无论地基系数是大还是小，金属矿充填开采采场直接顶板的最大下沉量随着覆岩厚度的增加呈线性增大的趋势。这主要是因为式（4-44）的荷载 q_0 没有考虑侧应力的影响，其大小直接等于上覆岩层的重量，从式

（4-44）不难看出荷载 q_0 的大小与覆岩厚度成线性正相关，因而导致直接顶板的最大下沉量随着覆岩增加呈线性增大的趋势。

4.5.3　矿体厚度对采场直接顶板下沉的影响

金属矿充填开采过程中，矿体厚度直接影响开采区域跨度的大小，从而直接增加采场直接顶板的不稳定性，因此，为了探究矿体厚度对采场直接顶板下沉的影响规律，本节地基系数取 90MPa/m，其他参数取值见表 4-1，不同矿体厚度和覆岩弹性模量下，典型金属矿体充填开采采场直接顶板的最大下沉量计算结果见表 4-3，直接顶板最大下沉量随矿体厚度的变化趋势如图 4-10 所示。

表 4-3　不同矿体厚度和覆岩弹性模量下采场直接顶板最大下沉量　　（mm）

弹性模量 /GPa	矿体厚度/m					
	20	30	40	50	60	70
10	−15.20	−45.81	−68.89	−78.96	−81.86	−82.55
15	−10.73	−36.72	−61.78	−75.35	−80.77	−81.96
20	−8.29	−30.64	−55.93	−71.82	−79.21	−81.75
25	−6.76	−26.28	−51.08	−68.51	−77.49	−81.18
30	−5.70	−23.01	−46.99	−65.46	−75.74	−80.43
35	−4.93	−20.46	−43.50	−62.64	−74.00	−79.57
40	−4.34	−18.42	−40.49	−60.04	−72.31	−78.67

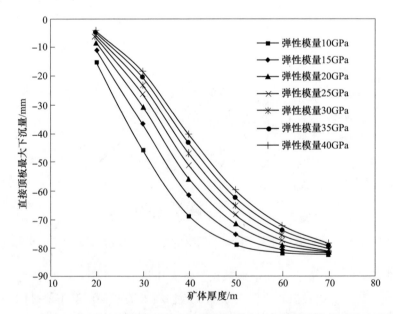

图 4-10　典型金属矿体充填开采采场直接顶板的最大下沉量随矿体厚度的变化趋势

从图 4-10 可以看出，当矿体厚度较小时，无论覆岩弹性模量大小，金属矿充填开采采场直接顶板的最大下沉量受矿体影响较大，随着矿体厚度的增大，采场直接顶板下沉量明显增大；但当矿体逐渐增大到较大时，采场直接顶板的最大下沉量无论是在覆岩弹性模量较小还是较大时受矿体厚度的影响均逐渐变力，矿体厚度的进一步增大，采场直接顶板的最大下沉量增大不明显。这主要是因为，矿体厚度较小时，随着矿体厚度的增大，采场直接顶板的抗弯能力逐渐减小，导下沉量明显增大；但当矿体厚度增大到一定程度后，采场顶板破断，覆岩直接压在充填提上，充填体由于其微压缩性质，在三维应力的作用下压缩量趋于稳定，因此此阶段采场顶板的最大下沉量也趋于稳定。

4.5.4 覆岩弹性模量对采场直接顶板下沉的影响

对于金属矿这种硬岩矿山，弹性模量衡量是矿岩的物理力学性质的一个重要指标，因此很有必要清楚了解覆岩弹性模量对充填开采采场直接顶板下沉的影响。为此，本节地基系数同样取 90MPa/m，其他参数取值见表4-1，以探究覆岩弹性模量对金属矿充填开采采场直接顶板下沉的影响规律。不同覆岩弹性模量和矿体厚度下，典型金属矿体充填开采采场直接顶板的最大下沉量计算结果见表4-3，直接顶板最大下沉量随覆岩弹性模量的变化趋势如图 4-11 所示。

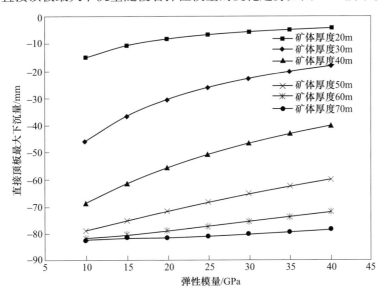

图 4-11　典型金属矿体充填开采采场直接顶板的最大下沉量随覆岩弹性模量的变化趋势

从图 4-11 中可以看出，无论矿体厚度是大还是小，随着覆岩弹性模量的增大，金属矿充填开采采场直接顶板的最大下沉量均会减小，这主要是因为，覆岩弹性模量越大，弹性薄板的抗弯刚度越大，弹性薄板的挠度也会相应的减小；但需要说明是随着弹性模量的增大，采场直接顶板的最大下沉量的减小趋势并不成线性关系，而是呈一种非线性的关系。

4.6 理论、数值模拟及相似模拟分析计算结果对比

金属矿充填开采采场直接顶板的下沉量是计算覆岩及地表下沉与变形的基础，其准确性至关重要，为此本书采用了数值模拟、相似材料模型模拟和理论模型三种方法对采场直接顶板的下沉量进行计算，3 种方法计算的采场直接顶板的最大下沉量见表 4-4。

表 4-4 典型金属矿体充填开采采场直接顶板最大下沉量 3 种方法计算结果对比

覆岩厚度 /m	计算水平 /m	理论模型 计算值/mm	数值模拟值 /mm	相似模拟值 /mm	差异率/%	
					数值模拟	相似模拟
100	0	−35.66	−31.45	−36.50	11.79	2.36
	50	−15.16	−13.67	−15.25	9.82	0.61
	100	−9.62	−8.85	−9.75	8.06	1.31
200	0	−71.31	−65.37		8.34	
	50	−30.31	−31.31		3.29	
	100	−19.25	−20.67		7.38	
	150	−14.10	−14.90		5.64	
	200	−11.13	−10.19		8.42	
400	0	−142.63	−122.92		13.82	
	50	−60.63	−57.92		4.46	
	100	−38.50	−33.79		12.22	
	150	−28.20	−25.28		10.36	
	200	−22.25	−21.32		4.17	
	250	−18.37	−18.31		0.36	
	300	−15.65	−16.07		2.69	
	400	−12.07	−12.21		1.18	
600	0	−213.94	−169.38		20.83	
	50	−90.94	−80.51		11.47	
	100	−57.74	−46.64		19.23	
	150	−42.30	−34.95		17.37	
	200	−33.38	−29.64		11.18	
	250	−27.56	−25.53		7.37	
	300	−23.47	−22.46		4.32	
	400	−18.10	−17.04		5.83	

注：差异率=｜数值模拟值或相似模拟值−理论模型计算值｜/理论模型计算值×100%。

从表4-4可看出，三种方法计算得到的典型金属矿体充填开采采场直接顶板最大下沉量变化趋势一致，相互之间的差异率大多在15%以内，从而验证了三种计算方法的适用性及其计算结果的准确性。只有在覆岩覆岩厚度为600m时，数值计算与理论模型计算的差异率大达到了20%以上，这主要是因为理论计算模型由于没有考虑侧应力的影响，当覆岩厚度大于600m时，计算的采场直接顶板下沉降量过于偏大。因此，对于采用充填法开采的深部金属矿山，采用上述理论模型计算采场直接顶板下沉量时需要根据地应力测量结果进行校正。

5 工程实例

金属矿由于矿体赋存条件复杂，矿岩性质变化大，故对充填开采覆岩移动与变形机理的研究难度大，目前在这方面的研究还处于初步探索阶段。本书运用数值模拟和相似材料模型研究了典型金属矿体充填开采覆岩及地表移动变形的规律，结合数值模拟和相似材料模型研究结果分析了充填体控制覆岩与变形机理，然后根据典型金属矿体覆岩及地表移动与变形的特点，运用弹性力学中的弹性薄板理论建立了典型金属矿体充填开采覆岩及地表沉降的物理数学模型，对数值模拟和相似材料模型研究结果进行相互验证。但是，无论是数值模拟、相似材料模型模拟还是理论分析，都进行了必要的假设和简化，不可能全面考虑到所有的影响因素，因此，通过现场实例工程进行验证，是增加这些方法实用性和有效性的最直接有效的途径。

由于金属矿矿岩较为坚硬，充填开采诱发的采场直接顶板的移动与变形比较小，采场直接顶板的移动与变形发展到地表需要经过的时间比较长，再加之地面各种因素的限制，因此，从地面监测覆岩的移动与变形耗时耗力、难度较大。鉴于此，本章通过将某金属矿充填开采采场直接顶板下沉的数值模拟值、理论计算值与实际监测值进行对比分析，验证数值模拟、理论计算方法的实用性和有效性。

5.1 矿床开采概况

5.1.1 地层概况

某金属矿位于沿江丘陵地区，地面平均标高约50m，区内地层走向 NW、倾向 NE，上部倾角约 50°、下部约 20°。地质剖面如图 5-1 所示，地层岩性特征见表 5-1。

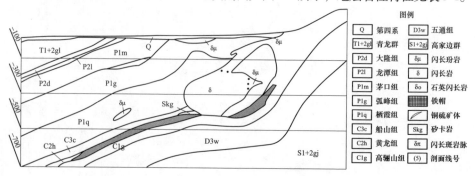

图 5-1 某金属矿山地质剖面图

表 5-1 某金属矿区域地层简表

代号	地层名称	统	系	厚度/m	主 要 岩 性
Q_4w	芜湖组	全新统	第四系	2~20	黏土、亚黏土、亚砂土、砂砾石、淤泥
Q_2q	戚家矶组	中更新统		28~38	亚黏土、蠕虫状黏土、泥砾层
P_1m	茅口组			>200	白云质石灰岩、炭质沥青质石灰、白云岩、岩硅质石灰岩
P_1g	孤峰组	下统	二叠系	49~83	页岩、含锰页岩、燧石层、硅质页岩，夹硅质石灰岩
P_1q	栖霞组			254	臭灰岩、含沥青质石灰岩、燧石石灰岩，夹1~2层燧石层及硅质层
C_3c	船山组	上统	石炭系	13~18	石灰岩、球状石灰岩
C_2h	黄龙组	中统		33~50	石灰岩、白云岩
C_1g	高骊山组	下统		14~24	长石砂岩、石英砂岩，夹粉砂质页岩
D_3w	五通组	上统	泥盆系	102	石英砾岩、石英砂岩、石英岩

5.1.2 采矿方法

开采矿体似层状、规则且连续性较好，赋存于船山组与高骊山组之间，其产状与地层产状基本一致，平均厚度40m。设计采用下行式开采顺序，分期开采，最高开采水平为-270m，首采中段为-330m中段，矿体平均倾角47°，-330m中段采场附近具有代表性的顶、底板和矿石物理力学参数见表2-1。由于矿山开采范围开地表设施复杂，有需要保护的公路、河流和民居等建（构）筑，设计采用机械化上向水平分层充填采矿方法（图5-2），矿块垂直矿体走向布置，分矿房、矿柱两步骤开采，矿房宽度14m、矿柱宽度10m、顶底柱6m，分层高度3.0~3.3m。

5.1.3 充填工艺

矿山采用全尾砂充填，根据开采技术条件，确定一步充填、二步胶面和接顶充填配比为1:10（28d抗压强度1.07MPa），二步普通充填配比为1:15（28d抗压强度0.32MPa）。为了提高充填体的力学性能、保证回采安全以及尽量抑制采场直接顶板的下沉，采场充填采取了如下措施：

（1）加强采场充填体泄水。采场充填体采用底部泄水笼滤水+混凝土挡墙+敷设多根排水管+布置泄水孔相结合的泄水工艺（图5-3）。泄水笼采用直径6mm钢筋+钢线制作而成，长1~2m、直径40cm、孔网10mm×10mm，笼外表面采用用80目尼龙布缠绕，并用细铁丝扎紧（图5-4）。采场底部泄水笼每隔20m布置一个，笼下底面开口与外接泄水管相接。同时，为了减少充填引流水和洗管水进入采场，降低充填体力学性能，在充填挡墙外安装了放水三通阀。

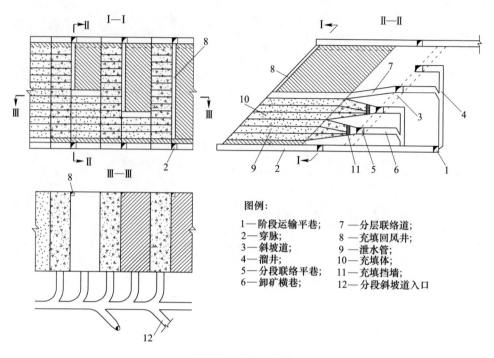

图 5-2 采矿方法图

图例：

1—阶段运输平巷；　　　7—分层联络道；
2—穿脉；　　　　　　　8—充填回风井；
3—斜坡道；　　　　　　9—泄水管；
4—溜井；　　　　　　　10—充填体；
5—分段联络平巷；　　　11—充填挡墙；
6—卸矿横巷；　　　　　12—分段斜坡道入口

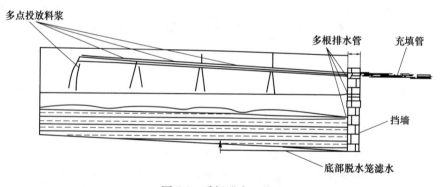

图 5-3 采场泄水工艺

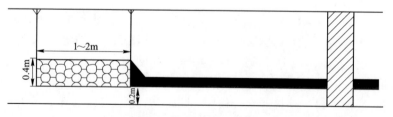

图 5-4 采场底部脱水笼

（2）加强采场接顶充填。为了提高充填体的接顶效果，抑制采场直接顶板的下沉，采场接顶充填采用飞翼股份有限公司生产的注射混凝土高压泵分区、分次加压灌注充填料的方式，即在接顶层分区段构筑隔墙，先充1~2次，充填料沉缩后再采用注射混凝土高压泵强行泵送充填料灌入接顶缝中，提高采场接顶的密实性。

5.2 全尾砂充填体力学性能

本章主要通过将采场直接顶板下沉的数值模拟值、理论计算值与实际监测值进行对比分析来验证值模拟、理论计算方法的实用性和有效性。但是从第 2 章的数值模拟分析可知，充填体配比不同，充填体力学性能不同，开采诱发的采场直接顶板的位移与变形也不同。

众所周知，充填体力学性能的与其本构模型密切相关，为了数值分析中更准确模拟计算采场直接顶板的下沉量，本书根据该矿山全尾砂充填单轴压缩实验的应力-应变曲线在峰值应力前呈三次多项式函数变化趋势的特征，建立了其不同配比全尾砂充填体峰值应力前的非线性本构模型。

该矿山 4 种不同配比全尾砂充填体的单轴抗压应力-应变曲线如图 5-5 中的实线所示。

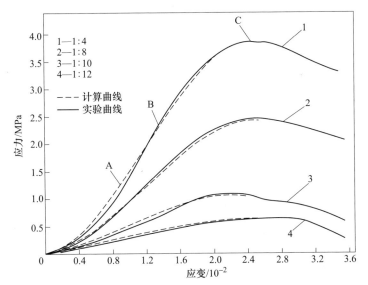

图 5-5　某金属矿全尾砂充填体单轴抗压应力-应变曲线

从图 5-5 中可以看出，峰值应力前，全尾砂充填体变形主要分为三个阶段：

加载初期，应力-应变曲线呈明显的下凹形（如图 5-5 中曲线 1 的 *OA* 段），曲线斜率随着应力的增加而快速增大，这是因为充填体内的微孔隙、微裂纹被逐渐压密，充填体抵抗变形的能力快速增强，充填体弹性模量快速增大。

随着加载的增大，应力-应变曲线呈微微下凹形（如图 5-5 中曲线 1 的 AB 段），曲线斜率随着应变的增加而稍有增加，表明充填体进入弹性阶段，充填体弹性模量增加不大。

加载继续增大，应力-应变曲线呈明显的上凸形（如图 5-5 中曲线 1 的 BC 段），曲线斜率随着应力的增加而逐见减小至零，表明充填体进入屈服阶段，充填体内原有微裂纹开始扩展，并产生新裂纹，充填体抵抗变形的能力逐渐减小，充填体弹性模量逐渐减小。

由上述分析可知，峰值应力前，随着应力的增大，全尾砂充填体应力-应变曲线由明显的下凹形逐渐变为上凸形，应力-应变关系并不呈线性正比关系，而是呈现出三次多项式函数的变化趋势。因此，假设充填体在峰值应力 σ_M（即抗压强度）前应力 σ 和应变 ε 的表达式为：

$$\sigma = a\varepsilon + b\varepsilon^2 + c\varepsilon^3 \tag{5-1}$$

式中　a，b，c——常数。

全尾砂充填体应力-应变曲线及其边界条件为：

$$\begin{cases} \dfrac{\mathrm{d}\sigma}{\mathrm{d}\varepsilon}\bigg|_{\varepsilon=\varepsilon_M} = 0 \\[2mm] \sigma|_{\varepsilon=\varepsilon_M} = \sigma_M \\[2mm] \dfrac{\mathrm{d}^2\sigma}{\mathrm{d}\varepsilon^2}\bigg|_{\varepsilon=\varepsilon_S} = 0 \end{cases} \tag{5-2}$$

式中　ε_M——峰值应变；

　　　ε_S——屈服应变。

将式（5-1）代入式（5-2）可得出有关 a、b 和 c 的三个方程，解方程组可得到 a、b 和 c 的解析式：

$$\begin{cases} a = \dfrac{(6\varepsilon_S - 3\varepsilon_M)\sigma_M}{\varepsilon_M(3\varepsilon_S - 2\varepsilon_M)} \\[3mm] b = \dfrac{3\varepsilon_S\sigma_M}{\varepsilon_M^2(2\varepsilon_M - 3\varepsilon_S)} \\[3mm] c = \dfrac{\sigma_M}{\varepsilon_M^2(3\varepsilon_S - 2\varepsilon_M)} \end{cases} \tag{5-3}$$

根据实验数据，可得到不同配比全尾砂充填体的峰值强度、峰值应变和屈服应变参数，将其分别代入式（5-3）和式（5-1），可得到各配比全尾砂充填体应力-应变的非线性本构方程，见表 5-2。

表 5-2　某金属矿全尾砂充填体峰值应力前的非线性本构方程

序号	配比	强度 σ_M/MPa	峰值应变 ε_M	屈服应变 ε_S	非线性本构方程
1	1:4	3.92	0.0247	0.0121	$\sigma = 12.61\varepsilon + 12354.08\varepsilon^2 - 340332.72\varepsilon^3$
2	1:8	2.48	0.0232	0.0112	$\sigma = 10.34\varepsilon + 6242.57\varepsilon^2 - 185790.73\varepsilon^3$
3	1:10	1.07	0.0228	0.0103	$\sigma = 13.29\varepsilon + 2749.67\varepsilon^2 - 88986.04\varepsilon^3$
4	1:12	0.68	0.0254	0.0066	$\sigma = 14.87\varepsilon + 316.80\varepsilon^2 - 16000.03\varepsilon^3$

根据全尾砂充填体应力-应变的非线性本构方程得出的不同配比全尾砂充填体峰值应力前的应力-应变的计算曲线如图 5-5 中的虚线所示,从图中可以看出计算得到的曲线与实验得到的曲线相吻合,表明了建立的全尾砂非线性本构方程的准确性。

5.3　采场直接顶板下沉量

5.3.1　实际监测

矿山设计采用下行式开采顺序,分期开采,考虑到后期深部开采过程中涉及公路、河流和民居等大量地面建构筑的保护,因此,矿山拟通过监测前期开采过程中围岩和覆岩的地压与位移变化规律,为后期深部开采设计地面建构筑的保护提供经验与理论依据,同时指导矿山当前的安全生产管理工作。由于本书主要研究开采诱发的覆岩移动与变形,因此这里主要分析采场直接顶板的位移监测。

(1) 观测点的布设。井下位移观测点和控制点的布设在无淋水、积水和避开架空线,且相邻点间应互相通视的位置。控制点选用-270m 水平已有的并布设在开采影响范围外的 4 个 I 级导线点,编号分别为 2713(M_A)、2714(M_B)、2723(M_C) 和 2724(M_D)。观测点布设在-270m 水平沿巷和穿脉巷道中,其中在 3 穿(2731)、5 穿(2735)、8 穿(2740)、10 穿(2742) 和 12 穿(2744)5 条穿脉巷道中靠近矿体顶板处各布设了一个观测点 (共 5 个观测点),用于观测开采诱发的采场直接顶板的下沉量。沿巷观测点每隔 20~25m 布设一个,这里不做详细介绍。

(2) 观测点的制作。为了避免破坏与便于观测,观测点布置在巷道顶板上。在巷道顶上打一深度为 200mm 的孔,灌入 1:3.5 的水泥砂浆,插入长约 200mm、宽约 10mm 的铜片 (铜片下端开有一挂垂球和小钢尺的三角形缺口)。为防止观测点铜片的腐蚀,所有的观测点铜片外套管壁上均加工有螺纹的 ϕ25mm 的塑料管,测量后及时用密封帽密封。

(3) 控制点高程联测。控制点的高程联测采用全站仪和一对红黑双面带水准器的水准尺按地面 III 等水准测量精度进行联测。利用 I 级导线点 2713(M_A) 的高程,自 M_A 引测至 M_B、M_C 和 M_D。

控制点高程联测满足以下要求：前后视距差≤2m，累积差≤5m，黑红面读数差≤±2mm，黑红面高差之差≤±3mm；因为水准路线为支线，采用往返测量，且往返测量较差≤ ±12$\sqrt{L}$ mm（L 为测线长度，km），或往返测较差≤±4$\sqrt{n}$ mm（n 为测站数）。

（4）观测点高程变化观测。本书主要分析采场直接顶板的位移变化情况，因此这里只分析观测点高程的观测，平面位置观测不赘述。

完成所有观测点的布置和控制点的高程联测后，及时对各个观测点的高程进行一次全面的初始测量，然后根据矿体的实际开采情况，按一定周期对观测点（对于一旦被破坏的观测点应及时补设）的高程进行测量，观测点高程测量周期见表 5-3。

表 5-3　观测点测量周期

初始阶段（$w \geqslant 3$mm）	活跃阶段（$w > 5$mm）	衰退阶段（$w < 3$mm）
1 次/2 月	1 次/月	1 次/3 月

注：w 为观测点月下沉量。

观测点的高程变化观量采用全站仪按地面Ⅳ等水准精度进行测量，观测点高程变化观测满足以下要求：前后视距差≤3m，累积差≤10m；仪器变动高度10cm 以上时进行重复观测，且两次观测高差之差≤3mm；因为水准路线为支线，采用往返测量，且水准路线往返互差、环线或附合路线闭合差均≤ ±20$\sqrt{L}$ mm 或 ±6$\sqrt{n}$ mm（L、n 的含义同前）。

在-330m 中段回采过程中，对 5 个穿脉观测点进行了近三年半的连续观测，其观测结果见表 5-4，各观测点下沉量随时间的变化趋势如图 5-6 所示。

表 5-4　5 个穿脉观测点的测量结果

测量次数	测量日期	累计时间 /d	测 点 号				
			2731 (3 穿)	2735 (5 穿)	2740 (8 穿)	2742 (10 穿)	2744 (12 穿)
1	2011. 5. 5	0	—	—	-2.19	-1.80	—
2	2011. 7. 3	59	—	—	-3.83	-2.87	—
3	2011. 9. 3	121	—	—	-4.42	-3.51	-5.64
4	2011. 10. 8	156	—	—	-4.82	-3.78	—
5	2011. 11. 5	183	—	—	-5.94	-4.58	-9.02
6	2011. 12. 5	213	-4.52	-6.60	-6.86	-5.96	—
7	2012. 1. 8	246	—	—	-7.13	-6.46	-11.74

续表 5-4

测量次数	测量日期	累计时间 /d	测 点 号				
			2731 (3 穿)	2735 (5 穿)	2740 (8 穿)	2742 (10 穿)	2744 (12 穿)
8	2012.2.10	279	-5.92	-8.17	-7.59	-6.83	-13.50
9	2012.3.6	304	—	—	-10.03	-7.02	-15.53
10	2012.4.10	339	-8.58	-12.91	-13.69	-10.46	-17.86
11	2012.5.5	364	-9.01	-13.56	-16.43	-10.95	-20.54
12	2012.6.10	400	-9.46	-14.23	-19.71	-13.14	-22.18
13	2012.7.8	428	-9.93	-14.94	-23.66	-15.77	-23.95
14	2012.8.8	459	-10.43	-15.69	-28.39	-18.92	-25.87
15	2012.9.12	494	-10.95	-16.48	-30.94	-22.71	-27.94
16	2012.10.9	521	-13.14	-18.78	-33.73	-24.75	-30.17
17	2012.11.2	545	-15.77	-21.41	-36.76	-26.98	-34.70
18	2012.12.5	572	-18.92	-24.41	-44.12	-32.37	-39.91
19	2013.1.17	615	-22.71	-27.83	-52.94	-38.85	-45.89
20	2013.2.13	642	-23.62	-28.94	-63.53	-46.62	-47.73
21	2013.3.8	666	-25.27	-31.55	-85.12	-62.47	-49.64
22	2013.4.8	697	-27.04	-37.86	-97.72	-89.54	-57.08
23	2013.5.12	731	-31.90	-45.43	-106.22	-101.75	-71.35
24	2013.6.9	759	-37.65	-54.51	-111.81	-107.11	-83.67
25	2013.7.9	789	-45.55	-68.14	-114.09	-109.30	-90.94
26	2013.8.5	816	-55.12	-82.45	-115.24	-110.40	-93.76
27	2013.9.2	844	-66.69	-90.21	-115.34	-110.50	-96.66
28	2013.10.9	881	-83.67	-93.97	-115.34	-110.50	-97.63
29	2013.11.9	912	-89.97	-95.88	-115.40	-110.56	-100.65
30	2013.12.7	940	-92.75	-97.84	—	—	-102.71
31	2014.3.1	1024	-94.64	-99.84	-115.42	-110.58	-103.88
32	2014.6.2	1117	-94.64	-100.42	—	—	-105.03
33	2014.9.5	1212	-94.64	-100.76	-115.42	-110.58	-105.03

注:"—"表示未进行观测。

从图 5-6 中可以看出,随着开采范围的逐渐扩大,5 个穿脉观测点的下沉量均不断扩大,当开采范围扩大到一定程度后,各观测点的下沉量均趋于稳定。3 穿(2731)、5 穿(2735)、8 穿(2740)、10 穿(2742)和 12 穿(2744)观测点的最终下沉量依次为-94.64mm、-100.76mm、-115.42mm、-110.58mm 和-105.03mm。

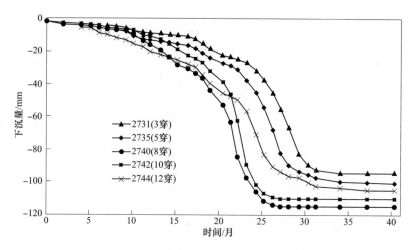

图 5-6　5 个穿脉观测点高程随时间的变化趋势

5.3.2　数值分析

根据表 2-1 中的矿岩物理力学参数及表 5-2 中的充填体本构模型，采用数值模拟分析得到的采场直接顶板的下沉量如图 5-7 所示，其中开采中期为一步矿柱回采并充填完毕，开采后期为全部采场开采并充填完毕。

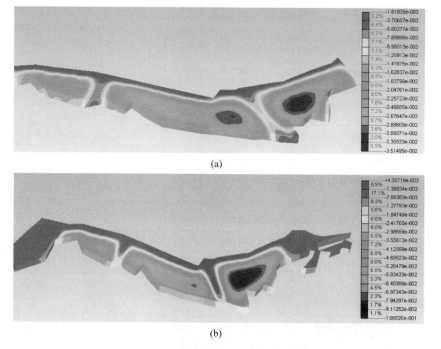

图 5-7　采场直接顶板数值模拟的下沉量

（a）开采中期；（b）开采后期

从图5-7可以看出，一步矿柱回采并充填完毕后，采场直接顶板的最大下沉量为-35.15mm；二步矿房回采完并充填完毕后，采场直接顶板的位移明显增大，达到-106.82mm。

5.3.3 理论计算

根据第4章建立的采场直接顶板下沉量计算方法及式（4-42），计算参数见表5-5，采用自编Matlab程序计算得到的采场直接顶板的最大下沉量为-120.16mm。

表5-5 采场直接顶板下沉量计算参数

序号	名　称	单位	数值
1	覆岩平均容重 γ	kN/m³	28.35
2	覆岩平均弹性模量 E	GPa	15.12
3	覆岩平均泊松比 μ	—	0.234
4	覆岩厚度 H	m	320
5	薄板厚度 t	m	6
6	地基系数 k	MPa/m	90
7	开采区域跨度（矿体厚度）a	m	54.7
8	开采区域长度 b	m	275

5.3.4 综合分析

综合上述计算分析可知，矿山充填开采采场直接顶板最大下沉量的现场实际监测值、数值模拟计算值和理论计算分别为-115.42mm、-106.82mm和-120.16mm，数值模拟计算值、现场实际监测值与理论计算值的相对误差分别为11.10%和3.94%，较小的相对误差说明了建立的理论计算模型的实用性。从图5-8可以看出，采用充填法开采，一步交界充填体矿柱受到的压应力为1.0MPa，说明充填体对采场围岩及顶板起到了较好的支撑作用，从而较好地抑制了采场围岩及顶板移动与变形，进而控制了覆岩的移动与变形。

图5-8 充填体受到的压应力

6 总 结

6.1 结论

由于金属矿山充填开采覆岩移动与变形理论体系尚未完整形成,对金属矿山充填开采又不可避免引起上覆岩层及地面产生移动与变形给地面建(构)筑物安全带来潜在威胁,目前实际设计、生产和监督过程中,主要通过参考煤矿开采行业多年来根据垮落法开采研究并总结出来的岩层移动角圈定地表移动带来解决相关问题,然而由此圈定的地表移动带往往过大,带来搬迁费用高、开采成本大、工业场地布置困难等系列难题。为此,本书依据某金属矿实际充填开采过程中采场直接顶板移动与变形较小的特点,通过数值模拟、相似材料模型试验研究了典型金属矿体充填开采覆岩的移动与变形规律,分析了充填开采控制覆岩移动与变形机理,建立了典型金属矿体充填开采覆岩移动与变形的理论模型,主要取得的研究成果如下:

(1)充填率、充填体力学性质、覆岩厚度和矿体倾角对金属矿充填开采覆岩移动与变形影响的分析表明,充填法开采可增大岩层移动角,限制覆岩移动的影响高度。

1)相较于空场法开采,充填开采中当充填率为60%时,覆岩各水平的最大位移与变形平均减小了9.24%,移动角平均增大了2.11%;充填率为100%时,覆岩各水平的最大位移与变形平均减小了64.52%,移动角平均增大了30.41%,对采空区进行充填可以减小覆岩各水平的移动与变形,且随着充填率的提高,覆岩各水平的最大位移与变形呈非线性减小趋势、移动角呈非线性增大趋势。实际生产中为了能较好控制覆岩及地表的移动与变形、提高岩层移动角,充填率应尽量提高至100%。

2)相较于空场法开采,充填开采中当充填配比为1:12时,覆岩各水平的最大位移与变形平均减小了42.65%,移动角平均增大了16.94%;当充填配比为1:4时,覆岩各水平的最大位移与变形平均减小了80.91%,移动角平均增大了31.49%,提高充填体配比可以减小覆岩各水平的移动与变形,且随着充填采空区的充填体配比的提高,覆岩各水平的最大位移与变形呈非线性减小趋势。实际充填开采生产中,为了更好地控制覆岩及地表的移动与变形可以采取提高充填配比的办法。但是当充填体的填配比从1:12提高到1:4,各水平最大位移与变形平均减小量的增大率从107.12%降低到32.16%,且覆岩当充填配比提高到1:4

时，覆岩顶部及地表未出现移动角，表明充填配比较高时，再进一步提高充填配比，覆岩及地表的移动与变形减小量增加并不明显；且当充填配比提高到一定程度后时，移动角发育至覆岩中的一定高度后消失，覆岩上部及地表不会出现移动带，此时无须采用很高配比的充填体来充填采空区。

3）相较于空场法开采，相同充填率或相同充填配比下，覆岩中距离采场直接顶板高度越大的水平，岩层的移动角增大得越多，这说明提高充填率或充填配比对距离采场直接顶板高度越大的上部覆岩的减沉效果越明显。

4）相较于空场法开采，充填开采中当覆岩厚度从 100m 增加到 600m 时，覆岩各水平的最大位移与变形的平均增大率从 103.27% 降低到了 43.77%，增大幅度逐渐减小，随着覆岩厚度的增加，覆岩中各水平的最大位移与变形呈非线性增大趋势；同时随着覆岩厚度的增加，覆岩中距离采场直接顶板高度相同的各水平的移动角呈非线性减小趋势，移动角在覆岩中的发育高度越高。但是当覆岩厚度增大到一定厚度时，在一定条件下，移动角在覆岩中发育到一定高度的水平后消失，覆岩顶部及地面不会出现移动带，因此深部充填开采中若按照传统的方法确定地表移动范围是不甚合理的。

5）相较于空场法开采，充填开采中随着矿体倾角的变大，覆岩中距离采场直接顶板高度相同的各水平的最大位移与变形呈近似线性减小的趋势，移动角呈近似线性增大的趋势，但其减小率和增大率均很小，平均分别为 0.97%、0.14%，表明充填开采中矿体倾角对覆岩及地表移动与变形以及移动角的影响较小。

（2）典型金属矿体充填法和空场法开采覆岩移动与变形相似材料模型实验对比分析表明，充填法开采可以缩小覆岩及地表的移动范围，增大岩层的移动角；覆岩中距离采场直接顶板高度越大的水平，充填法的减沉效果越明显，岩层的移动角也会越大；随着时间的推移，充填法开采中由于采空区被充填体填充，限制了围岩的风化破坏产生移动，覆岩的移动与变形最终趋于一稳定值；空场法开采中由于采空区长期暴露，空区围岩受到风化、爆破震动等因素的破坏作用，覆岩的移动与变形难以趋于一稳定值。

（3）根据金属矿充填开采采场直接顶板移动与变形较小的特点，基于弹性力学中的弹性薄板理论建立了典型金属矿体充填开采采场直接顶板沉降的物理数学模型，并利用 Navier 解法得到了采场直接顶板挠度与变形计算的表达式，然后根据覆岩岩层移动与采场直接顶板移动相似的关系，建立了典型金属矿体充填开采覆岩任一水平挠度与变形的计算模型及其计算表达式。地基系数、覆岩厚度、矿体厚度和弹性模量对金属矿充填开采采场直接顶板下沉量理论计算值的影响规律分析表明：

1）当地基系数较小时，采场直接顶板的最大下沉量受地基系数影响较大，随着地基系数的增大，采场直接顶板下沉量明显减小，且覆岩厚度越厚，这种影响更明显；但当地基系数逐渐增大到较大时，采场直接顶板的最大下沉量无论是在覆岩厚度较小还是较大时受地基系数的影响均逐渐减小，地基系数进一步提高，采场直接顶板的最大下沉量减小不明显。

2）因为采场直接顶板承受的荷载没有考虑侧应力的影响，采场直接顶板的最大下沉量随着覆岩厚度的增加呈线性增大的趋势。

3）当矿体厚度较小时，无论覆岩弹性模量大小，采场直接顶板的最大下沉量受矿体厚度影响较大，随着矿体厚度的增大，采场直接顶板下沉量明显增大；但当矿体厚度逐渐增大到较大时，采场直接顶板的最大下沉量无论是在覆岩弹性模量较小还是较大时受矿体厚度的影响均逐渐减小，矿体厚度的进一步增大，采场直接顶板的最大下沉量增大不明显。

4）随着覆岩弹性模量的增大，采场直接顶板的最大下沉量呈非线性减小的变化趋势。

（4）某金属矿充填开采采场直接顶板的最大下沉量矿山实例现场实测值、数值模拟值、相似材料模型模拟值和理论模型计算值的相对差异率大多在15%以内，相互验证了几种计算方法的计算结果的准确性，表明了建立的理论计算模型的实用性。

6.2　创新点

（1）分析并得到了典型金属矿体充填开采覆岩不同水平的两种位移（垂直位移与水平位移）和三种变形（倾斜、曲率与水平变形）随充填率、充填体力学性质、覆岩厚度和矿体倾角的变化规律，得到了覆岩不同水平岩层移动角随充填率、充填体力学性质、覆岩厚度和矿体倾角变化规律。

（2）利用相似材料模型实验对比模拟分析了典型金属矿体空场法和充填法开采覆岩不同水平下沉量的动态变化规律。

（3）根据金属矿充填开采采场直接顶板移动与变形较小的特点，基于弹性力学中的弹性薄板理论建立了典型金属矿体充填开采采场直接顶板沉降的物理数学模型，并利用 Navier 解法，结合覆岩岩层移动与采场直接顶板移动相似的关系，建立了典型金属矿体充填开采覆岩任一水平挠度与变形的计算模型。

6.3　展望

（1）本书仅对某一金属矿山围岩特性下充填开采覆岩的移动与变形、岩层移动角的变化规律进行了数值分析，不同围岩特性下充填开采覆岩的移动与变形及岩层移动角的变化规律还有待进一步研究；

（2）由于实测数据获取的限制，本书仅将金属矿充填开采采场直接顶板下沉量的数值模拟值、理论计算值与实际监测值进行了对比验证，未来还需根据不同矿山覆岩不同水平及地表的实际监测数据进一步验证理论计算方法的实用性和有效性；

（3）本书主要从二维层面通过数值模拟和相似材料实验模拟研究了典型金属矿体充填开采覆岩不同水平移动与变形的规律，未考虑盘区矿柱的影响，不同盘区矿柱和充填体的三维组合下覆岩移动与变形的规律和机理还需进一步研究；

（4）断层、褶皱、高水平应力等复杂开采条件下覆岩移动与变形的规律和机理还有待深入研究。

参 考 文 献

［1］杨明. 可持续发展的矿业开发模式研究［D］. 长沙：中南大学，2001.

［2］陈其慎. 中国矿业发展趋势及竞争力评价研究［D］. 北京：中国地质大学（北京），2013.

［3］古德生，周科平. 现代金属矿业的发展主题［J］. 金属矿山，2012（07）：1-8.

［4］李文. 人口与经济可持续发展［D］. 北京：中国社会科学院研究生院，2002.

［5］古德生，李夕兵，有色金属深井采矿研究现状与科学前沿［J］. 矿业研究与开发，2003，23（2）：1-5.

［6］赵彬. 焦家金矿尾砂固结材料配比试验及工艺改造方案研究［D］. 长沙：中南大学，2009.

［7］王心义，李任政，李建林. 矿区地质环境破坏程度评价及其恢复治理［J］. 河南理工大学学报（自然科学版），2014，33（5）：681-685.

［8］徐占军，侯湖平，张绍良，等. 采矿活动和气候变化对煤矿区生态环境损失的影响［J］. 农业工程学报，2012，28（5）：232-240.

［9］古德生，李夕兵，等. 现代金属矿床开采科学技术［M］. 北京，冶金工业出版社，2006.

［10］乔登攀，程伟华，张磊，等. 现代采矿理念与充填采矿［J］. 有色金属科学与工程，2011，2（2）：7-14.

［11］陈秋松，张钦礼，王新民，等. 磁化水改善全尾砂絮凝沉降效果的试验研究［J］. 中南大学学报（自然科学版），2015，46（11）：4256-4261.

［12］王新民，赵建文，张德明. 全尾砂絮凝沉降速度优化预测模型［J］. 中国有色金属学报，2015，25（3）：793-798.

［13］杨建，王新民，张钦礼，等. 含硫高黏性三相流态充填浆体管道输送性能［J］. 中国有色金属学报，2015，25（4）：1049-1055.

［14］Sheshpari M. A review of underground mine backfilling methods with emphasis on cemented paste backfill［J］. Electronic Journal of Geotechnical Engineering，2015，20（13）：5183-5208.

［15］FALL M，BENZAAZOUA M，SAA E G. Mix proportioning of underground cemented tailings backfill［J］. Tunnelling and Underground Space Technology，2008，23（1）：80-90.

［16］陈嘉生. 水域动载荷条件下复杂矿体开采安全技术［D］. 长沙：中南大学，2011.

［17］王新民，柯愈贤，张钦礼，等. 露天转地下开采地表沉陷预计及安全性分析［J］. 科技导报，2012，30（25）：27-31.

［18］张荣立，何国纬，李铎. 采矿工程设计手册［M］. 北京：煤炭工业出版社，2005.

［19］瞿群迪. 采空区膏体充填岩层控制的理论与实践［D］. 徐州：中国矿业大学，2006.

［20］岳斌. 金川镍矿充填法开采引起的岩体移动和地表变形研究［D］. 昆明：昆明理工大学，2002.

［21］Singh R P，Yadav R N. Prediction of subsidence due to coal mining in Raniganj coalfield，West Bengal，India［J］. Engineering Geology，1995，39（1-2）：103-111.

［22］Loganathan N，Poulos H G. Analytical Prediction for Tunneling-Induced Ground Movements in

Clays [J]. Journal of Geotechnical & Geoenvironmental Engineering, 1998, 124 (9): 846-856.

[23] Morgan K, Lewis R W, White I R. The mechanisms of ground surface subsidence above compacting multiphase reservoirs and their analysis by the finite element method [J]. Applied Mathematical Modelling, 1980, 4 (3): 217-224.

[24] 李向阳, 李俊平, 周创兵, 等. 采空场覆岩变形数值模拟与相似模拟比较研究 [J]. 岩土力学, 2005, 26 (12): 1907-1912.

[25] 煤炭科学研究总院北京开采所. 煤矿地表移动与覆岩破坏规律及其应用 [M]. 北京: 煤炭工业出版社, 1986.

[26] 刘宝琛, 廖国华. 煤矿地表移动的基本规律 [M]. 北京: 中国工业出版社: 1965.

[27] 戴华阳. 基于倾角变化的开采沉陷模型及其 GIS 可视化应用研究 [D]. 徐州: 中国矿业大学, 1998.

[28] 何国清, 杨伦, 凌康姊, 等. 矿山开采沉陷学 [M]. 北京: 中国矿业大学出版社, 1991.

[29] 杨帆, 麻凤海. 急倾斜煤层采动覆岩移动模式及应用 [M]. 北京: 科学出版社, 2007.

[30] Singh K B, Singh T N. Ground movements over longwall workings in the Kamptee coalfield, India [J]. Engineering Geology, 1998, 50 (1): 125-139.

[31] 卢志刚. 复杂高应力环境下矿体开采引起的地表沉陷规律研究 [D]. 长沙: 中南大学, 2013.

[32] Gonzalez Nicieza C, álvarez Fernández M I, Menéndez Díaz, A, et al. The new three-dimensional subsidence influence function denoted by n-k-g [J]. Int J Rock Mech and Min Sci, 2005, 42 (3): 372-387.

[33] Mainil P. Contribution to the study of ground movements under the influence of mining operations [J]. International Journal of Rock Mechanics and Mining Science & Geomechanics, 1965, 2 (2): 225-228.

[34] Benzaazoua M, Belem T, Bussière B. Chemical factors that influence the performance of mine sulphidic paste backfill [J]. Cement & Concrete Research, 2002, 32 (7): 1133-1144.

[35] 邓喀中. 开采沉陷中的岩体结构效应研究 [D]. 徐州: 中国矿业大学, 1993.

[36] 麻凤海. 岩层移动的时空过程 [D]. 沈阳: 东北大学, 1996.

[37] Salamon M D G. Elastic analysis of displacements and stresses induced by the mining of seam or reef deposits, Part I [J]. Journal-South African Institute of Mining and Metallurgy, 1963, 64 (4): 128-149.

[38] Coulthard M A. Applications of numerical modelling in underground mining and construction [J]. Geotechnical and Geological Engineering, 1999, 17 (3): 373-385.

[39] 中国科学技术情报研究所. 波兰采空区地面建筑 [M]. 北京: 科学技术文献出版社, 1979.

[40] Kratzsch H. Mining Subsidence Engineering [M]. Berlin, Heidelberg: Springer, 1982.

[41] 郭延辉. 高应力区陡倾矿体崩落开采岩移规律、变形机理与预测研究 [M]. 昆明: 昆明理工大学研究生院, 2015.

[42] 北京开采所. 煤矿地表移动与覆岩破坏规律及应用 [J]. 北京: 煤矿工业出版社, 1981.

［43］何国清，马伟民，王金庄. 威布尔型影响函数在地表移动变形计算中的应用［J］. 中国矿业学报，1982，11（1）：25-29.

［44］周国铨，崔继宪. 建筑物下采煤［M］. 北京：煤矿工业出版社，1983.

［45］皱友峰. 地表下沉函数计算方法研究［J］. 岩土工程学报，1997，19（3）：109-112.

［46］戴华阳，王金庄. 岩层与地表移动的矢量预计法［J］. 煤炭学报，2002，27（5）：473-478.

［47］郭增长，殷作如，王金庄. 随机介质碎块体移动概率与地表下沉［J］. 煤炭学报，2000，25（3）：302-305.

［48］Борисов, A A. 矿山压力原理与计算［M］. 王庆康，译. 北京：煤炭工业出版社，1986.

［49］Fayol M. Sur Les movements de terrain provoques par L' eoplotitation des mines［J］. Bull Soc L' Industrie Minorale，1985，14（2）：818-823.

［50］Salamon M D G. 地下工程的岩石力学［M］. 北京：冶金工业出版社，1982.

［51］Brady B H G, Brown E T. 地下采矿岩石力学［M］. 北京：煤炭工业出版社，1990.

［52］Coulthard M A. Applications of mimerical modeling in underground mining and construction［J］. Geotechnical and Geological Engineering，1999，（17）：373-385.

［53］丁陈建. 采动场地残余变形特征及预测模型研究［D］. 徐州：中国矿业大学，2009.

［54］Kay D R. Report of the angus place subsidence modeling joint case study［R］. Sydney：NSW Department of Mineral Resources. 1990.

［55］郭延辉. 高应力区陡倾矿体崩落开采岩移规律、变形机理与预测研究［D］. 昆明：昆明理工大学，2015.

［56］钱鸣高. 采场矿山压力控制［M］. 北京：煤炭工业出版社，1983.

［57］宋振琪. 实用矿山压力控制［M］. 徐州：中国矿业大学出版社，1998，17（20）：42-46.

［58］谢和平. 非线性大变形有限元分析及岩层移动中应用［J］. 中国矿业大学学报，1988，17（3）：72-75.

［59］刘书贤. 急倾斜多煤层开采地表移动规律模拟研究［D］. 北京：煤炭科学研究总院，2005.

［60］陶连金，王泳嘉. 大倾角煤层上覆岩层力学结构分析［J］. 岩土力学，1997（A08）：70-73.

［61］杨硕. 采动损害空间变形力学预测［M］. 北京：煤炭工业出版社，1994.

［62］何满潮，景海河，孙海明，等. 软岩工程力学［M］. 北京：科学出版社，2002.

［63］刘天泉. 矿山岩体采动影响与控制工程学及其应用［J］. 煤炭学报，1995（1）：1-5.

［64］于广明. 分形及损伤力学在开采沉陷中的应用研究［D］. 北京：中国矿业大学（北京），1997.

［65］张玉卓，仲惟林，姚建国. 岩层移动的位错理论解及边界元法计算［J］. 煤炭学报，1987（2）.

［66］张向东，范学理，赵德深. 覆岩运动的时空过程［J］. 岩土力学与工程学报，2002（1）：56-59.

［67］吴立新，王金庄，赵士胜，等. 托板控制下开采沉陷的滞缓与集中现象研究［J］. 中国矿业大学学报，1994（4）：10-19.

[68] 刘文生, 范学理. 条带法开采采留宽度合理尺寸研究 [J]. 矿山测量, 1991 (1): 53-55.

[69] 李增琪. 计算矿山压力和岩层移动的三维层体模型 [J]. 煤炭学报, 1994 (2): 109-121.

[70] 刘红元, 刘建新, 唐春安. 采动影响下覆岩垮落过程的数值模拟 [J]. 岩土工程学报, 2001, 23 (2): 201-204.

[71] 范学理, 刘文生. 中国东北煤矿区开采损害防护理论与实践 [M]. 北京: 煤炭工业出版社, 1998.

[72] 钟新谷. 顶板岩梁结构的稳定性与支护系统刚度 [J]. 煤炭学报, 1995 (6): 601-606.

[73] 郭广礼, 张国良. 灰色系统模型在沉陷预测中的应用 [J]. 中国矿业大学学报, 1997 (4): 62-65.

[74] 郭文兵, 邓喀中, 邹友峰. 概率积分法预计参数选取的神经网络模型 [J]. 中国矿业大学学报, 2004, 33 (3): 322-326.

[75] 丁德馨, 张志军, 毕忠伟. 开采地面沉陷预测的自适应神经模糊推理方法研究 [J]. 中国工程科学, 2007, 9 (1): 33-39.

[76] 李培现, 谭志祥, 闫丽丽, 等. 基于支持向量机的概率积分法参数计算方法 [J]. 煤炭学报, 2010 (8): 1247-1251.

[77] 张东明, 尹光志, 刘见中, 等. 急倾斜煤层开采地表沉陷的渐近灰色预测 [J]. 中国地质灾害与防治学报, 2004, 15 (1): 82-85.

[78] 姚振巩. 矿山充填体作用机理与铝基复合充填胶凝材料研究 [D]. 长沙: 中南大学, 2010.

[79] 刘同有. 充填采矿技术与应用 [M]. 北京: 冶金工业出版社, 2001.

[80] 张光存. 金川镍矿早强胶凝材料开发及充填料浆管输特性研究 [D]. 北京: 北京科技大学, 2015.

[81] 李茂辉. 低活性水淬渣基早强充填胶凝材料开发与水化机理研究 [D]. 北京: 北京科技大学, 2015.

[82] 王军. 充填采矿技术应用发展和存在问题探析 [J]. 江西建材, 2015 (20): 230-230.

[83] 刘丽红, 韩新开, 王建胜. 田兴铁矿全尾砂充填工艺研究 [J]. 河北冶金, 2015 (3): 27-30.

[84] 王新民, 卢央泽, 张钦礼. 煤矸石似膏体胶结充填采场数值模拟优化研究 [J]. 地下空间与工程学报, 2008 (2): 346-350.

[85] 周爱民, 姚中亮. 赤泥胶结充填料特性研究 [J]. 矿业研究与开发, 2004, 24 (z1): 153-157.

[86] 刘芳. 磷石膏基材料在磷矿充填中的应用 [J]. 化工学报, 2009, 60 (12): 3171-3177.

[87] 冯光明, 孙春东, 王成真, 等. 超高水材料采空区充填方法研究 [J]. 煤炭学报, 2010 (12): 1963-1968.

[88] 黄艳利. 固体密实充填采煤的矿压控制理论与应用研究 [D]. 徐州: 中国矿业大学, 2012.

[89] 周成浦. 流态混凝土与全尾砂膏体充填料 [J]. 有色矿山, 1996 (6): 1-3.

[90] Zhang Q L, Wang X M. Performance of cemented coal gangue backfill [J]. Journal of Central South University of Technology, 2007, 14 (2): 216-219.

[91] 王新民, 张钦礼. 煤矸石充填特性与似膏体制备输送综合技术研究 [R]. 长沙: 中南大学, 2005.

[92] Wang X M, Li J X. Rheological properties of tailing paste slurry [J]. Journal of central South University of Technology, 2004, 11 (1): 75-79.

[93] Palaski J. The experimental and practical results of applying backfill. Innovations in Mining Backfill Technology [C] // Hassnal F P, Scobel M J, eds. Proceedings of the 4th International Symposium on Mining with Backfill. Montreal: Balkem a, Rotterdam Brookfield, 1989: 33-37.

[94] 谢文兵, 史振凡, 陈晓祥, 等. 部分充填开采围岩活动规律分析 [J]. 中国矿业大学学报, 2004, 33 (2): 162-165.

[95] 卢央泽. 基于煤矸石似膏体胶结充填法控制下的覆岩移动规律研究 [D]. 长沙: 中南大学, 2006.

[96] 张德辉. 煤矸石充填开采和覆岩控制理论及技术研究 [D]. 沈阳: 辽宁工程技术大学, 2013.

[97] 常庆粮. 膏体充填控制覆岩变形与地表沉陷的理论研究与实践 [D]. 北京: 中国矿业大学, 2009.

[98] 刘长友, 杨培举, 侯朝炯, 等. 充填开采时上覆岩层的活动规律和稳定性分析 [J]. 中国矿业大学学报, 2004, 33 (2): 166-169.

[99] 贾林刚, 刘卓然. 充填开采充填率与地表移动规律的数值模拟研究 [J]. 辽宁工程技术大学学报, 2015 (9): 1010-1015.

[100] 张华兴, 郭爱国. 宽条带充填全柱开采的地表沉陷影响因素研究 [J]. 中国煤炭工业, 2006 (6): 56-57.

[101] 罗俊财. 深部开采引起的地表沉降规律研究 [D]. 重庆: 重庆大学, 2009.

[102] 郭爱国. 宽条带充填全柱开采条件下的地表沉陷机理及其影响因素研究 [D]. 北京: 煤炭科学研究总院, 2006.

[103] 瞿群迪, 姚强岭, 李学华. 充填开采控制地表沉陷的空隙量守恒理论及应用研究 [J]. 湖南科技大学学报 (自然科学版), 2010, 25 (1): 8-12.

[104] 尹夏. 复杂地质条件下深部开采岩体移动变形分析 [D]. 保定: 河北大学, 2014.

[105] 李凤仪, 王继仁, 刘钦德. 薄基岩梯度复合板模型与单一关键层解算 [J]. 辽宁工程技术大学学报, 2006, 25 (4): 524-526.

[106] 常西坤. 深部开采覆岩形变及地表移动特征基础实验研究 [D]. 青岛: 山东科技大学, 2010.

[107] 张世雄, 王福寿, 胡建华, 等. 充填体变形对建筑物影响的有限元极限分析 [J]. 武汉理工大学学报, 2002, 24 (5): 71-74.

[108] 周振宇. 煤矸石充填巷采地表沉陷控制研究 [D]. 徐州: 中国矿业大学出版社, 2008.

[109] 刘瑞峰. 地表微沉降充填开采技术试验研究 [D]. 邯郸: 河北工程大学, 2014.

[110] 陈勇. 开滦矿区深部开采地表移动规律的研究 [D]. 焦作: 河南理工大学, 2010.

[111] 朱时东. 王河矿膏体充填开采覆岩移动变形及地表沉陷规律研究 [D]. 焦作: 河南理工大学, 2015.

[112] 张立亚. 超高水材料充填开采设计方法及地表移动控制分析 [D]. 徐州: 中国矿业大

学, 2012.

[113] 黄艳利. 固体密实充填采煤的矿压控制理论与应用研究 [D]. 徐州: 中国矿业大学, 2012.

[114] 王磊. 固体密实充填开采岩层移动机理及变形预测研究 [D]. 徐州: 中国矿业大学, 2012.

[115] 冯锐敏. 充填开采覆岩移动变形及矿压显现规律研究 [D]. 徐州: 中国矿业大学 (北京), 2013.

[116] 贾凯军. 超高水材料袋式充填开采覆岩活动规律与控制研究 [D]. 徐州: 中国矿业大学, 2015.

[117] 刘鹏亮. 邢东矿充填巷式开采数值模拟与现场实测研究 [D]. 北京: 煤炭科学研究总院, 2007.

[118] 孙晓光, 周华强, 王光伟. 固体废物膏体充填岩层控制的数值模拟研究 [J]. 中国矿业, 2007, 16 (3): 117-121.

[119] 李辉. 巷采充填矸石压缩特性研究 [D]. 沈阳: 辽宁工程技术大学, 2011.

[120] 胡炳南. 粉煤灰充填对控制岩层移动的理论研究 [J]. 煤矿开采, 1991 (2): 30-32.

[121] 张吉雄. 矸石直接充填综采岩层移动控制及其应用研究 [D]. 徐州: 中国矿业大学, 2008.

[122] 岳斌. 金川镍矿充填法开采引起的岩体移动和地表变形研究 [D]. 昆明: 昆明理工大学, 2005.

[123] 袁义. 地下金属矿山岩层移动角与移动范围的确定方法研究 [D]. 长沙: 中南大学, 2008.

[124] 武玉霞. 基于 BP 神经网络的金属矿开采地表移动角预测研究 [D]. 长沙: 中南大学, 2008.

[125] 袁仁茂, 马凤山, 邓清海, 等. 急倾斜厚大金属矿山地下开挖岩移发生机理 [J]. 中国地质灾害与防治学报, 2008, 19 (1): 62-67.

[126] 赵海军, 马凤山, 丁德民, 等. 急倾斜矿体开采岩体移动规律与变形机理 [J]. 中南大学学报 (自然科学版), 2009, 40 (5): 1423-1429.

[127] 吴静. 金属矿山三带分布数值模拟研究 [D]. 南宁: 广西大学, 2012.

[128] 张连杰. 金属矿山开采引起地表移动规律研究 [D]. 北京: 中国地质大学 (北京), 2013.

[129] 郭进平, 刘晓飞, 王小林, 等. 金属矿床开采地表破坏机理及防控方法 [J]. 金属矿山, 2014, 43 (2): 6-11.

[130] 付华, 陈从新, 夏开宗, 等. 金属矿山地下开采引起岩体变形规律浅析 [J]. 岩石力学与工程学报, 2015, 34 (9): 1859-1868.

[131] 李贞芳. 中关铁矿大水下充填开采充填体围岩匹配及沉降控制 [D]. 北京: 中国矿业大学 (北京), 2016.

[132] 黄刚. 罗河铁矿充填开采覆岩稳定性及地表沉降研究 [D]. 北京: 北京科技大学, 2016.

[133] 周科平, 王新民, 张钦礼, 等. 区域多水源缓倾斜矿体露天地下产能转换与生态重建综

合技术研究 [R]. 长沙：中南大学, 2014.

[134] Ren M X, Wang G T, Li B S, et al. Similar physical simulation of microflow in micro-channel by centrifugal casting process [J]. Transactions of Nonferrous Metals Society of China, 2014, 24 (4)：1094-1100.

[135] Chen Y L, Meng Q B, Xu G, et al. Bolt-grouting combined support technology in deep soft rock roadway [J]. International Journal of Mining Science and Technology, 2016, 26 (5)：777-785.

[136] Zhang J, Zhao Z, Gao Y. Research on top coal caving technique in steep and extra-thick Coal Seam [J]. Procedia Earth & Planetary Science, 2011, 2 (1)：145-149.

[137] Lu Haifeng, Yuan B Y, Wang L. Rock parameters inversion for estimating the maximum heights of two failure zones in overburden strata of a coal seam [J]. International Journal of Mining Science and Technology, 2011, 21 (1)：41-47.

[138] Lu A H, Mao X B, Liu H S. Physical simulation of rock burst induced by stress waves [J]. International Journal of Mining Science and Technology, 2008, 18 (3)：401-405.

[139] Tao M, Chen X, Ding Q Q. A Method for Subsidence Monitoring of Similar Material Simulation Test in Coal Mining [J]. Advanced Materials Research, 2013, 765-767 (6)：2172-2175.

[140] Huang W P, Lu S Z, Wang L, et al. New Similar Material Simulation Test of Overburden Rock's Separation [J]. Applied Mechanics & Materials, 2011, 121-126：1402-1406.

[141] Gao F, Zhou Ke, et al. Similar material simulation of time series system for induced caving of roof in continuous mining under backfill [J]. Journal of Central South University, 2008, 15 (3)：356-360.

[142] Wang J S, Guan Y B, Bao S X, et al. Application of similar material simulation in research of coal seam floor failure regularity [J]. Global Geology, 2006, 25 (1)：86-90.

[143] Kirstren H A D, Stacey T R. 充填在低下沉量采场中的支护机理 [C] // . 国外金属矿山充填采矿技术的研究与应用—国外充填法矿山论文集. 长沙：中国矿业协会采矿专业委员会, 长沙矿山研究院编译, 1998：351-357.

[144] 王新民. 基于深井开采的充填材料与管输系统的研究 [D]. 长沙：中南大学, 2006.

[145] 马长年. 金川二矿区下向分层采矿充填体力学行为及其作用的研究 [D]. 长沙：中南大学, 2011.